基于特征选择的粗糙集

（第2版）

Understanding and Using Rough Set Based Feature Selection（Second Edition）

[巴基斯坦] 穆罕默德·苏马尔·拉扎（Muhammad Summair Raza）
[巴基斯坦] 乌斯曼·卡马尔（Usman Qamar） 著

陈小卫　潘俊杰　杨　超
孟　礼　苏艳琴　彭　佳 译

国防工业出版社

·北京·

著作权合同登记 图字：01－2023－4271 号

图书在版编目（CIP）数据

基于特征选择的粗糙集：第 2 版／（巴基）穆罕默德·苏马尔·拉扎（Muhammad Summair Raza），（巴基）乌斯曼·卡马尔（Usman Qamar）著；陈小卫等译. —北京：国防工业出版社，2024. 6

书名原文：Understanding and Using Rough Set Based Feature Selection（Second Edition）

ISBN 978-7-118-13184-0

Ⅰ. ①基… Ⅱ. ①穆… ②乌… ③陈… Ⅲ. ①集论 Ⅳ. ①O144

中国国家版本馆 CIP 数据核字（2024）第 064847 号

※

国防工业出版社 出版发行
（北京市海淀区紫竹院南路 23 号 邮政编码 100048）
三河市天利华印刷装订有限公司印刷
新华书店经售

*

开本 710 × 1000 1/16 **印张** 13¾ **字数** 236 千字
2024 年 6 月第 1 版第 1 次印刷 **印数** 1—1400 册 **定价** 108. 50 元

（本书如有印装错误，我社负责调换）

国防书店：（010）88540777 书店传真：（010）88540776
发行业务：（010）88540717 发行传真：（010）88540762

谨以本书纪念粗糙集理论之父：Zdzislaw Pawlak 教授（1926—2006 年）。他是波兰人工智能学院的创始人，也是计算机工程和计算机科学的先驱之一。

前　　言

粗糙集理论自 Zdzislaw Pawlak 于 1982 年提出以来，正在不断地蓬勃发展。它主要用于不精确或不确定信息、知识的分类和分析，已经成为数据分析的一种重要工具。本书对基于粗糙集的特征选择进行了综合性的介绍。通过本书，读者可以系统地研究粗糙集理论（RST）的各个领域，包括基础知识、前沿概念以及基于粗糙集的特征选择。本书还提供了基于粗糙集的 API 库，可用于支持一些粗糙集概念和基于粗糙集的特征选择的算法程序实现。

本书旨在为从事特征选择、知识发现和不确定性推理工作的学生、研究人员和开发人员提供一个重要的参考材料，尤其是那些从事粗糙集和粒计算的人员。这本书的主要读者是各领域利用粗糙集理论对大规模数据集进行特征选择的研究人员。此外，本书也可为其他领域对特征选择感兴趣的研究人员提供参考，如医疗、银行、金融领域等。

本书目前的第 2 版还涵盖了基于优势关系粗糙集和模糊粗糙集方法。基于优势关系粗糙集方法是对经典粗糙集方法的一种扩展，它利用优势关系来代替经典粗糙集等价关系，可支持决策中偏序问题。模糊粗糙集是粗糙集的模糊扩展。本书第 2 版也对基于优势关系粗糙集方法的 API 库进行了介绍。

穆罕默德·苏马尔·拉扎
乌斯曼·卡马尔
伊斯兰堡，巴基斯坦

关于作者

穆罕默德·苏马尔·拉扎（Muhammad Summair Raza）在巴基斯坦国立科学技术大学（National University of Sciences and Technology, NUST）获得了软件工程博士学位。2009 年，他在巴基斯坦国际伊斯兰大学获得硕士学位。他担任了巴基斯坦虚拟大学的助理教授。他在国际期刊和各类会议上发表过多篇论文，重点研究粗糙集理论。他的研究兴趣包括特征选择、粗糙集理论、趋势分析、软件体系结构、软件设计和非功能性需求。

乌斯曼·卡马尔（Usman Qamar）博士目前是巴基斯坦国立科学技术大学的终身副教授，他在学术和工业数据工程及决策科学方面拥有超过 15 年从业的经验，并在英国生活了接近 10 年。他拥有英国曼彻斯特理工大学（University of Manchester Institute of Science and Technology, UMIST）计算机系统设计硕士学位。他的计算机系统哲学硕士学位是曼彻斯特理工大学和曼彻斯特大学的联合学位，侧重于大数据中的特征选择。他于 2008—2009 年获得了英国曼彻斯特大学的博士学位。他的博士专业是数据工程、知识发现和决策科学。他在曼彻斯特大学的博士后工作期间参与了多项研究项目，包括为位于英国伦敦的国家统计局（Office of National Statistics, ONS）服务的统计信息披露混合机制（特征选择与离群值分析合并在一起）、为英国沃达丰公司服务的客户流失预测以及为比利时根特大学服务的客户购物概况分析。他还在英国牛津大学完成了医学和健康研究的研究生学位，在那里他从事循证卫生保健、专题定性数据分析以及医疗创新与技术方面的工作。他是巴基斯坦国立科学技术大学其中一个卓越中心——知识和数据科学研究中心——的主任，同时也是数字巴基斯坦实验室的首席研究员，这个实验室是国家大数据和云计算中心的一部分。他共计出版专著 150 余部，其中 2 部专著是由斯普林格公司出版。他成功地指导了博士生 5 名、硕士生 70 余名。乌斯曼博士已经获得了近 1 亿巴基斯坦卢布（PKR）的研究经费。他已经荣获了多个研究奖，包括巴基斯坦高等教育委员会（HEC）颁发的 2015—2016 年最佳研究员奖，2013 年和 2017 年巴基斯坦软件公司协会（Pakistan Software Houses Association, P@SHA）的 ICT 金奖，以及 2013 年在香港主办的亚太信息通信科技大奖赛（Asia Pacific ICT Alliance Awards, APICTA）研发类银奖。他还获得了著名的查尔斯·华莱士奖学金（2016—2017）以及英国文化委员会奖学金（2018 年），同时担任英国利兹大学决策研究中心的访问研究员以及英国曼彻斯特城市大学的访问高级讲师。最后，他还有幸成为 2016—2017 年度英国文化委员会专业成就奖的最后入围人选。

目　　录

第1章　特征选择介绍

这是一个信息时代。但是，数据只有得到有效处理，并从中获得有用信息，才具备价值。

我们发现，一些应用实例经常要求数据具备数千个属性。处理这些数据集的难点在于它们需要大量的资源。为了克服这个问题，研究人员提出了一种称为特征选择的有效工具。特征选择让我们可以只需要选择能够代表整个数据集的相关数据。在本章中，我们将对特征选择的必要基础知识进行讨论。

1.1　特　　征

一个特征是一个对象的特点或者属性，其中所指的对象是一个在物理上存在的实体。特征是认识现象的一种可测属性[1]。例如，一个人的特征可以是“身高”“体重”以及“发色”等。一个特征或者这些特征的一个组合就可以帮助我们感知这个对象的某个特定方面；例如，一个人的“身高”特征可以帮助我们想象这个人的身体高度。同样，“最大载荷”特征可以向我们提供关于玻璃所能承受力的最大上限的信息。对于一个特定的概念或者模型，特征的质量是非常重要的。特征的质量越好，得到的模型也越好[2]。

在一个数据集中，数据是以 m 行和 n 列的矩阵形式表示的。每一行表示一个记录或者一个对象，而每一列则表示一个特征。因此，在数据集中，每个对象都可以用特征集合的形式表示。例如，表1.1中的数据集代表了五个人的两个特征。

表1.1　样本数据集

名　字	身高/ft①	眼睛颜色
约翰	5.7	蓝色
比尔	6.1	黑色
蒂姆	4.8	黑色
大卫	4.5	蓝色
汤姆	5.1	绿色

① 1ft = 0.3048m。

需要注意的是，不是所有数据都是按照这样的行和列的结构进行排列的，如DNA和蛋白质序列。在这种情况下，可能需要使用不同的特征提取技术来提取特征。

根据数据的性质（域）和一个特质可以取的数值的类型，特征主要分为以下两种。

（1）数值特征。

（2）类别特征。

1.1.1 数值特征

按照一个简单的定义，数值特征是采用具体的数值来描述其特点。例如，以高度来说，5ft、7in（1in = 25.4mm）就是一个数值（但是，如果我们将高度以高、中和低进行表示，那么高度将不再是一个数值特征）。根据数值的范围，数值特征可以是离散的，也可以是连续的。离散数值可以是有限的，也可以是无限的。有限特征是指在其值域内存在极限的特点，如“总计进行比赛的次数”“总得分”等。无限特征是指在其数值集内是无限的特点，如硬币投掷结果为正面的总数。连续数值属于实数领域，如人的身高、体重（克数）等。

数值特征可以进一步被划分为以下两类。

区间标度：区间标度特征是指两个数值之间的差值才是关键的特点。例如，90℃与70℃之间的差值，70℃与50℃之间的差值，这两者是相同的。

比例标度：比例标度特征具有区间标度特征的所有性质，再加上数据分析的定义比例。例如，就属性“年龄”而言，我们可以说，20岁的人的年龄是10岁的人的2倍。

1.1.2 类别特征

对于类别特征中，经常采用符号（单词）来描述其值域。例如，性别可以使用两个字母进行表示：“M”和“F”。类似地，资质可以使用“Ph. D”“BS”和“MS”进行表示。类别特征可以进一步被划分为以下两类（图1.1）。

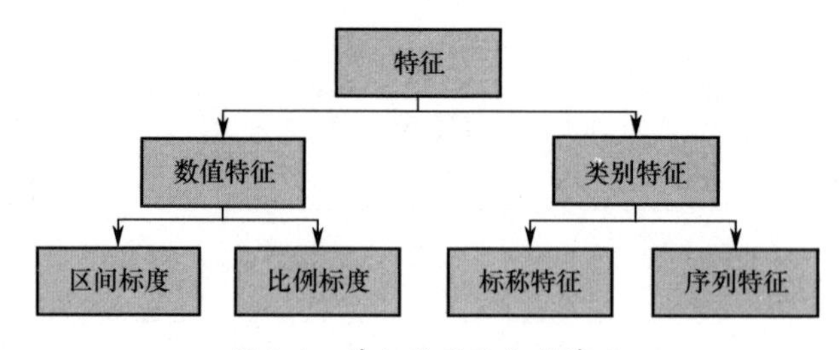

图1.1　特征类型的分类情况

标称特征：标称特征是指那些顺序没有意义的特点。例如，“性别”特征就是一个标称特征。因为域值“M”和“F”并不涉及任何顺序，因此，这里的对比只涉及域值的比较。此外，只有相等的算子才有意义，也就是说，我们不能比较“少于”或者“多于”算子的值。

序列特征：在序列特征中，同时涉及相等性和不等性，也就是说可以使用“相等”“少于”和“多于”算子。例如，“资质”特征就是序列类型的一个实例，因为可以在比较中使用上述所有的算子。

图 1.1 展示了特征类型的分类情况。

1.2 特征选择

近年来，为了得到结论并做出决定而需要处理和分析的数据量显著增加了。数据创建正在以创记录的速度进行[3]。数据规模每天都在增加[4]，而新数据产生的速度也是惊人的[5]。这种增长体现在人类活动的所有领域，从诸如电话、银行交易、商业活动这类日常产生的数据，到技术性和复杂性都更强的数据，包括天文数据、基因组数据、分子数据集、医疗记录等。世界上的信息量每隔 20 个月就会翻一番[6]。在这些数据集之中，就可能包含大量有用但仍未被发现的信息。

这个数据增长是两方面的，也就是包括样本/实例的数量，以及记录和计算的特征的数量。因此，许多现实世界的应用需要处理的数据集具有成百上千个属性。数据集维数的显著增加导致了一种称为维数灾难的现象。维数灾难是指由于(数学上的）空间中额外的维数增加，而造成的体积呈指数增长的问题[7]。

特征选择是解决维数灾难问题的一个解决方案。它是指从提供绝大多数有用信息的数据集中选择一个特征子集的过程[6]。然后，选定的特征集就可以代表整个数据集，并进行使用。因此，应当选择一个优质的特征选择算法，以确保提供的特征能够代表整个数据集中的全部或者绝大部分信息，同时还可以忽略不相关以及存在误导性的特征。降维技术可以分为“特征选择技术”和“特征提取技术”两种。特征提取技术[8-20]可以将原始的特征空间投影到维数较少的新特征空间中。新的特征空间通常是通过将原始特征以某种方式组合而形成的。这些特征提取技术的问题是丢失了数据的基础语义[21-34]。另一方面，特征选择技术[21-34]倾向于从原始特征中选择特征，以代表潜在的概念。这就可以确保特征选择技术能够保留数据语义。本书将侧重于特征选择技术。

根据可用数据的性质，特征选择可分为有监督特征选择和无监督特征选择。在有监督特征选择中，类别标签已经提供了，所以特征选择算法可以根据分类精度来选择特征。在无监督特征选择中，缺少类别标签，所以特征选择算法必须选择没有标签信息的特征子集。如果一些实例的类别标签是给定的，而另一些实例的类别标签是缺失的，则应当使用半监督的特征选择算法。

1.2.1 有监督特征选择

大多数现实世界的分类问题都需要采用有监督学习，这些分类问题潜在的类别概率和类别条件概率是未知的，并且每个实例都与一个类别标签相关联[35]。

但是，我们经常会遇到具有成百上千个特征的数据。噪声、冗余以及不相关特征的存在，是我们在分类过程中必须共同面临的另一个问题。对于目标概念而言，一个相关特征既不是无关的，也不是多余的。一个不相关的特征则不会直接与目标概念相关，但是它会影响学习过程，而一个冗余的特征则不会给目标概念增加任何新的东西[35]。在一般情况下，很难过滤掉重要的特征，尤其是在数据量很大的情况下。这些情况都会影响分类器的性能和准确性。因此，在使用分类算法对数据进行运算之前，我们必须对数据进行预处理。在这种情况下，有监督特征选择就可以起到选择最小和相关的特征的作用。有监督特征选择的一般过程如图 1.2 所示。

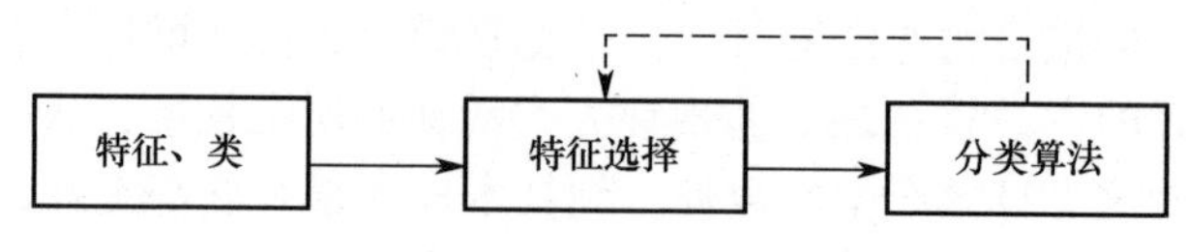

图 1.2　有监督特征选择的一般程序

如前所述，在有监督特征选择中，已经给出了类别标签和特征，其中的每个实例都属于一个已经指定的类别标签，特征选择算法会根据某些标准从原始特征中选择特征。然后，将所选定的特征作为分类算法的输入。无论是基于过滤器还是基于封装的分类算法，特征的选择都可以独立于分类算法或者不独立于分类算法。这是通过图 1.2 中的虚线箭头实现的，即从“分类算法”到“特征选择”的过程。因为所选定的特征会被输入到分类算法中，所以所选择特征的质量会直接影响分类算法的性能和准确性。质量特征子集产生的分类结构与使用整个特征集获得的分类结构是相同的。

表 1.2 所列为一个简单的有监督学习的实例数据集。

表 1.2　有监督学习的实例数据集

U	A	B	C	D	Z
X_1	L	3	M	H	1
X_2	M	1	H	M	1
X_3	M	1	M	M	1
X_4	H	3	M	M	2
X_5	M	2	M	H	2
X_6	L	2	H	L	2
X_7	L	3	L	H	3
X_8	L	3	L	L	3
X_9	M	3	L	M	3
X_{10}	L	2	H	H	2

其中，$\{A,B,C,D\}$ 是标称特征，Z 是类别标签。我们可以使用多种标准进行特征选择，如信息增益、熵、相关性。如果我们使用基于粗糙集的相关性测度，则 Z 对 $\{A,B,C,D\}$ 中的相关性是 100%，也就是特征集 $\{A,B,C,D\}$ 唯一地决定了 Z 的值。另一方面，Z 对 $\{A,B,C\}$ 中的相关性也是 100%，这意味着，我们在后续处理中可以跳过特征 D，并只使用 $\{A,B,C\}$。相关性只是决定了属性 C 的值如何唯一决定属性 D 的值。基于粗糙集的相关性测度的计算将在第 3 章中进行详细讨论。

1.2.2 无监督特征选择

分类信息并不总是需要提供的。在无监督学习中，只需要提供特征，而不需要提供任何类别标签。学习算法只能使用可用的信息。因此，一个简单的策略则是形成聚类（聚类是一组相似的对象，类似于一个分类结构，但是类别标签并不包括在内，所以只使用原始特征以形成聚类；在形成分类结构的过程中，类别标签会给出并且被使用）。现在，噪声、无关且冗余的数据问题再一次导致无法使用所有的特征来为学习算法提供输入；此外，消除这些特征也是一个麻烦的任务，人工过滤估计是不可能的。所以，我们必须通过特征选择过程以寻求帮助。因此，一个选择特征的通用标准是通过所选特征得到的聚类结构，应当与通过整个特征集得到的聚类结构相同。

考虑下面使用假设数据的示例。表 1.3 所列为无监督学习的样本数据集。

表 1.3 无监督学习的样本数据集

	X	Y	Z
A	1	2	1
B	2	3	1
C	3	2	3
D	1	1	2

数据集包括了对象 $\{A,B,C,D\}$，其中每一个对象使用特征 $F=\{X,Y,Z\}$ 进行表征。

使用 K 均值聚类，对象 $\{A,D\}$ 属于聚类 C_1，对象 $\{B,C\}$ 属于聚类 C_2。现在，如果通过计算，特征子集 $\{X,Y\}$、$\{Y,Z\}$ 和 $\{X,Z\}$ 可以得到相同的聚类结构。因此，它们中的任何一个都可以作为所选的特征子集。需要注意的是，我们可能可以得到满足相同标准的不同特征子集，所以可以选择它们其中的任何一个，但需要尽量找到最优的一个，也就是特征数量最少的那个。

以下内容是我们如何使用 K 均值聚类定理以及如何计算聚类的相关描述。

K 均值聚类定理

K 均值聚类定理可用于无监督数据集的聚类计算。定理步骤如下所示：

Do{
步骤 1：计算质心。
步骤 2：计算每个对象与质心的距离。
步骤 3：按照与质心的最小距离对对象进行分组。
}
直至没有任何对象从一个区组移动至另外一个区组。

首先，我们计算质心，质心是一个聚类的中心点。对于第一次迭代，我们可以假设任意值的点作为质心。然后，我们计算每个点到质心的距离，这里的距离是通过欧几里得距离测度计算得到的。

一旦计算得到了每个对象与每个质心的距离，这些对象就会按照如下所示的方式进行排列，即每个对象都落在其质心靠近这个点的聚类之中。迭代完成之后，使用聚类中的所有点来计算每个聚类的新质心，以重复进行迭代。持续这个过程，直到没有点可以改变它的聚类。

现在考虑以下数据集给出的数据点。

步骤 1：我们首先将点 A 和 B 假设为两个质心 C_1 和 C_2。

步骤 2：我们使用如下所示的欧几里得距离公式计算每个点距离这些质心的距离：

$$d(xy)=\sqrt{(x_1-x_2)^2+(y_1-y_2)^2}$$

注意：x_1 和 y_1 是点 X 的坐标；x_2 和 y_2 是点 Y 的坐标。在我们的数据集中，每个点的欧几里得距离如下所示：

$$\boldsymbol{D}^1=\begin{bmatrix}0 & 1.4 & 2.8 & 1.4\\1.4 & 0 & 2.4 & 2.4\end{bmatrix},C_1=\{1,2,1\}\text{ 且 }C_2=\{2,3,1\}$$

使用“取整”函数，可得

$$\boldsymbol{D}^1=\begin{bmatrix}0\ 1\ 3\ 1\\1\ 0\ 2\ 2\end{bmatrix},C_1=\{1,2,1\}\text{ 且 }C_2=\{2,3,1\}$$

在上面的距离矩阵中，行 =1 和列 =1 的值表示点 A 与第一个质心的距离（在这里，点 A 自身就是第一个质心，因此，点 A 与自身的距离为 0），行 =1 和列 =2 的值表示了点 B 和第一个质心之间的欧几里得距离；类似可得，行 =2 和列 =1 的值表示了点 A 和第二个质心之间的欧几里得距离，以此类推。

步骤 3：如果我们看第三列，它表示了点 C 与第二个质心的距离，要比其与第一个质心的距离更近。在上述距离矩阵的基础上，可以得到下列分组：

$$\boldsymbol{G}^1=\begin{bmatrix}1\ 0\ 0\ 1\\0\ 1\ 1\ 0\end{bmatrix},C_1=\{1,2,1\}\text{ 且 }C_2=\{2,3,1\}$$

式中：数值“1”表示这个点落入这个组中，因此，根据上述群矩阵可知，很明显，点 A 和 D 在一个组（聚类）之中，而点 B 和 C 则在另外一个组（聚类）之中。

现在，开始第二次迭代。因为我们已经知道在第一个聚类中共有两个点，即 A 和 D，所以我们可以按照第一步所示的技术计算它们的质心。因此，可得 $C_1 = \frac{1+1}{2}, \frac{2+1}{2}, \frac{1+2}{2} = 1,2,2$。类似可得 $C_2 = \frac{2+3}{2}, \frac{3+2}{2}, \frac{1+3}{2} = 2,2,2$。根据得到的这些质心，我们可以计算距离矩阵，如下所示：

$$\boldsymbol{D}^2 = \begin{bmatrix} 1\ 2\ 2\ 1 \\ 1\ 1\ 1\ 1 \end{bmatrix}, C_1 = \{1,2,2\} \text{ 且 } C_2 = \{2,2,2\}$$

$$\boldsymbol{G}^2 = \begin{bmatrix} 1\ 0\ 0\ 1 \\ 0\ 1\ 1\ 0 \end{bmatrix}, C_1 = \{1,2,2\} \text{ 且 } C_2 = \{2,2,2\}$$

因为 $\boldsymbol{G}^1 = \boldsymbol{G}^2$，所以我们就此停止。注意：$\boldsymbol{D}^2$ 矩阵的第一列表示点 A 与聚类 C_1 和 C_2 的距离都相等，因此它可以被放入任何一个聚类之中。

上述聚类是在考虑了所有特征 $\{X,Y,Z\}$ 的情况下构成的。现在，如果您使用特征子集 $\{X,Y\}$、$\{Y,Z\}$ 或者 $\{X,Z\}$ 进行相同的步骤，也可以得到相同的聚类结构，这说明，上述特征子集中的任何一个都可以用于学习算法。

1.3 特征选择技术

根据选定特征与学习算法之间的关系，或者对所选特征子集的评估，特征选择技术可以分为以下三大类。

（1）过滤法。

（2）封装法。

（3）嵌入法。

1.3.1 过滤法

过滤法是最直接的特征选择策略。在这个技术中，特征选择依然独立于学习算法，也就是不会使用分类算法的反馈。特征的评估则是使用一些特定的标准，这些标准则是利用特征的内在属性。因此，分类算法无法控制所选特征的质量；所以如果质量较差，则可能影响后续算法的性能和准确性。它们可以进一步分为以下两类[36]。

（1）属性评估法。

（2）子集评估法。

属性评估法会根据选定标准评估每个特征并对每个特征进行排序，然后选择特定数量的特征作为输出。另一方面，子集评估法则是根据特定标准评估完整的子集。图 1.3 显示了基于过滤法的特征选择过程的一般流程[37]。

应当注意到特征选择过程和归纳算法之间的单向联系。图 1.4 给出了通用算法伪代码。

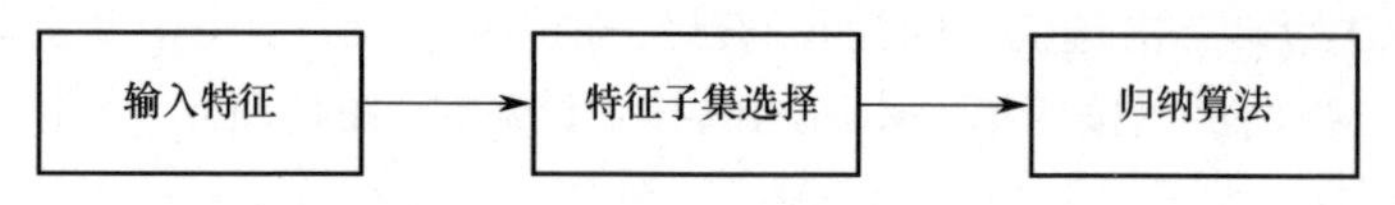

图 1.3　基于过滤法的特征选择过程的一般流程

```
Input:
S-data sample with features X, |X| =n
J-evaluation measure to be maximized
GS-successor generation operator
Output:
Solution-(weighted) feature subset
L: =Start_Point(X);
Solution: ={best of L according to J};
repeat
L: =Search_Strategy(L,GS(J),X);
X': ={best of L according to J };
if J(X')≥J(Solution) or (J(X') =J(Solution) and |X'| < |Solution|) then Solution: =
X';
until Stop(J,L).
```

图 1.4　基于过滤法的通用算法[38]

我们得到了一个具有特征集 X 的数据集，其中共有 n 个特征。“J”是最大化的度量，它基本上就是选择特征所依据的评估标准，如隶属性、信息增益、相关性等。GS 代表用于根据现有特征子集生成下一个特征子集的下一代算子。算子可以根据“J”度量在现有子集中增加或者删除特征。“解”是指包含优化特征子集输出的特征子集。最开始，我们给“解”分配了一个起始特征子集。起始子集可能是空的（前向特征选择策略），可能包括整个特征子集（后向特征选择策略）或者随机特征（随机算法）。

我们从最初分配的特征子集中得到下一个“L”特征，然后将“L”优化成“X”。如果“X”比之前的更加合适，则解将被分配为“X”。这一步可以确保“解”始终包含最优特征子集，因此我们可以逐步细化特征子集。持续这个过程，直至我们满足停止条件。

1.3.2　封装法

过滤法是选择独立于分类符的最优特征，但是最优的优质特征子集又依赖于分类算法的直观推断和偏差，所以应当根据基础分类算法进行排列和选择。这就是封装法的基本概念。因此，不同于过滤法，封装法不会选择独立于分类算法的特征。分类算法的反馈会被用来度量选定特征的质量，从而提升分类符的质量和表现。图 1.5 展示了基于封装法的特征选择过程的一般流程[37]。

从图中可以看出，“特征子集搜索”“评估”和“归纳算法”之间存在双向联系；也就是说，会根据归纳算法的反馈，再次对特征进行评估和搜索。从图中可以很明显地看出，封装法包括以下三个步骤。

步骤 1：搜索特征子集。

步骤2：根据归纳算法评估特征。

步骤3：继续这个过程，直至我们得到最优特征子集。

很明显，归纳算法的工作原理就像一个黑盒，即发送选定的特征子集，同时收到一些质量度量形式的确认，如错误率。

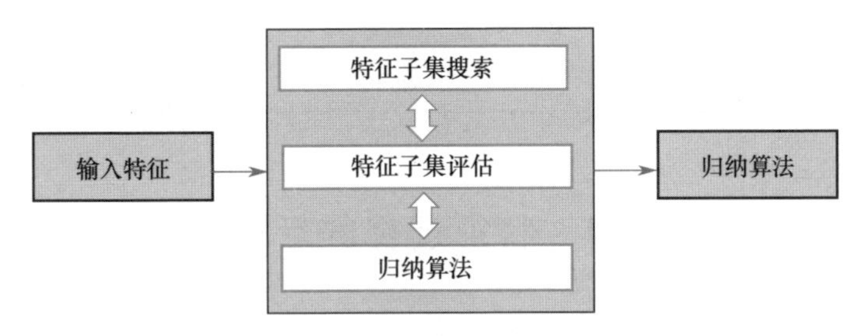

图1.5　基于封装法的特征选择过程的一般流程

1.3.3　嵌入法

嵌入法能够同时克服过滤法和封装法的缺点。过滤法可以评估独立于分类算法的特征，而封装法则使用分类符的反馈，但为了选择最优的特征子集，通常需要多次运行分类符，所以计算成本很高。嵌入法构造特征子集并将其作为分类符的一部分，因此它能够同时体现封装法（特征子集评估并不独立于分类符）和过滤法（要比封装法更有效，同时使用独立度量对选定特征做进一步评估）的优点。典型的嵌入法如下所示。

步骤1：初始化特征子集（要么是空集，要么包含所有特征）。

步骤2：使用独立度量评估子集。

步骤2.1：如果它满足的条件多于当前子集，则这个子集成为当前子集。

步骤3：根据分类符指定的评估标准再次评估子集。

步骤3.1：如果它满足的条件多于当前子集，则这个子集成为当前子集。

步骤4：重复步骤2和步骤3，直至满足标准。

嵌入法共有三种类型[39]：第一种是裁剪法，即首先使用完整的特征集训练模型，接着逐渐去除特征；第二种，是具有内置机制并能执行以进行特征选择的模型；第三种，还有一些正则化模型可以使拟合误差最小化，同时通过强制系数为小数值或者为零来消除特征。

表1.4展示了每种技术的优点和缺点。

表1.4　过滤法、封装法和嵌入法的比较

特征选择技术	优　　点	缺　　点
过滤法	技术简单。 计算较为省事	与分类符没有交互作用，因此选定特征的质量可能影响分类符的质量

续表

特征选择技术	优　点	缺　点
封装法	考虑了特征属性。 特征选择涉及分类符的反馈，从而得到高质量的特征	计算要比过滤法更加复杂。 过度拟合的概率高
嵌入法	同时包含了过滤法和封装法的优点	针对学习机

1.4　特征选择的目标

特征选择的主要目标是在整个数据集之中选择一个特征子集，从而确保这个子集提供的信息与整个特征集所提供的信息相同。但是，不同的研究人员从不同的角度对特征选择进行了描述。其中一部分如下所示。

(1) 更加快速且性价比更高的模型。特征选择倾向于为后续过程提供数量最小的特征，因此这些过程就不需要处理整个特征集。例如，考虑有100个属性的分类和有10个属性的分类。特征数量的减少意味着模型的执行时间能够最小化。例如，考虑表1.5中给出的以下数据集。

表1.5　症状表

症　状	温　度	流　感	咳　嗽	生　病
S1	H	Y	Y	Y
S2	H	Y	N	Y
S3	H	N	Y	Y
S4	N	Y	Y	Y
S5	N	N	N	N
S6	N	Y	N	Y
S7	N	N	Y	N

现在，如果我们按照温度、流感和咳嗽属性进行分类，那么，我们可知患有S1、S2、S3、S4和S6中任何症状的患者都将被归类为生病一类。另一方面，有症状S5或者S7的患者则不会被视为生病。因此，要把一个病人分类为生病或者未生病，我们必须考虑所有这三个属性。但是，应当注意，如果我们只考虑“温度”和“流感”属性，也可以正确地将患者分类为生病或者未生病，从而确定患者的情况，所选择的属性“温度”和“流感”给我们提供的信息与通过整个属性集所得到的信息相同（准确地对记录进行分类）。图1.6显示了在两种情况下所获得的分类，即使用所有特征和使用选定特征。

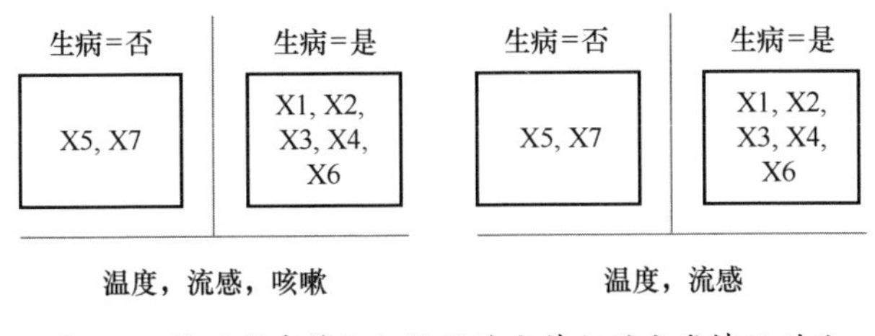

图 1.6　使用所有特征与使用选定特征的分类情况对比

注意：这只是一个非常简单的示例，但在真实世界中，我们会遇到在执行进一步的处理之前需要处理成百上千个属性的应用情况，所以特征选择就是所有这类应用的一种强制性预处理器。

（2）避免过度拟合，提高性能。选择能提供绝大部分信息的最佳特征，同时通过去除噪声、冗余和无关的特征，可以提高模型的准确性和有效性。因为减少了维数的数量，从而提高了后续模型的性能。它有助于减少噪声、冗余和无关的特征，从而提高数据质量并提高模型的准确性。

如果我们考虑表 1.5 中给出的数据集，则可以清楚地看出，使用“温度”和“咳嗽”两个特征得到的结果与使用整个特征集给出的结果是相同的，所以系统性能最终可以得到提高。此外，还应当注意，包含或者排除“咳嗽”特征并不会影响分类的准确性，也不会影响最终的决定。因此，在这种情况下，它被认为是冗余的，所以可以安全地删除。

（3）深入理解生成数据的过程。特征选择还提供了一个理解属性之间关系的机会，从而能够更好地理解基础流程。它有助于理解特征之间的关系以及生成数据的过程。例如，在表 1.5 中可以清楚地看到，决策类别“生病”完全取决于特征子集“温度，咳嗽”。所以，为了准确预测一名患者，我们必须得到这两个特征的准确值。

应当注意的是，没有其他的特征组合（整个特征集除外，也就是包括所有三个特征的集合）能给我们提供准确的信息。如果考虑“温度，咳嗽”的组合，我们就无法对一名“温度 = N”且“咳嗽 = Y”的患者做出决策（对于“温度 = N”和“咳嗽 = Y”的相同值，S4 和 S7 会导致不同的决策）。同理，如果我们将“流感，咳嗽”组合在一起，我们也无法对一名“流感 = N”且“咳嗽 = Y”的患者做出决策（对于“流感 = N”和“咳嗽 = Y”的相同值，S4 和 S7 会导致不同的决策）。但是，对于所有“温度，流感”的组合，我们都可以准确地做出决策。因此，在决策“生病”和特征“温度，流感”之间存在着密切的关系。

还应当注意，如果使用上述数据集的算法能够得到诸如“温度 = N，流感 = Y，生病 = 否”这类输入，则可以立即得出结论：所提供的输入包含错误的数据，这意味着收集数据的机制存在一些错误。

1.5 特征选择标准

特征选择的核心内容是选择优质的特征子集，但到底哪些因素可以使一个特征子集变成优质子集呢？也就是说，从整个数据集中选择特征的标准应当是什么。基于这个目的，文献中已经对各种标准进行了定义。我们将在本节中对其中一些进行讨论。

1.5.1 信息增益

信息增益[40]可以使用“不确定性”进行定义。不确定性越大，信息增益越小。如果 $\mathrm{IG}(X)$ 表示特征 X 的信息增益，且 $\mathrm{IG}(X)>\mathrm{IG}(Y)$，则特征 X 更好（因此首选）。如果“U”代表不确定性函数，$P(C_i)$ 代表在考虑特征“X”之前的类别 C_i 的概率，且 $P(C_i|X)$ 代表考虑特征“X”的类别 C_i 的后验概率，则信息增益为

$$\mathrm{IG}(X)=\sum_i U(P(C_i))-E\left[\sum_i U(P(C_i|X))\right]$$

也就是说，信息增益可以定义为考虑了特征 X 之后的先验不确定性与不确定性之间的差值。

1.5.2 距离

距离[40]度量是指特征的辨别能力，也就是一个特征相对于不同类别之间的区别有多大。辨别能力高的特征要优于辨别能力低的特征。如果 C_i 和 C_j 是两个类别，X 是特征，则距离度量 $D(X)$ 就是 $P(X|C_i)$ 与 $P(X|C_j)$ 之间的距离，也就是类别为 C_i 时以及类别为 C_j 时，“X”的概率之差。如果 $D(X)>D(Y)$，则 X 比 Y 更受青睐。差值越大，表示距离越大，也就是这个特征的偏好程度越高。如果 $P(X|C_i)=P(X|C_j)$，则特征 X 无法分离类别 C_i 和 C_j。

1.5.3 相关性

不同于信息增益或者收敛能力，相关性度量可以确定两个特征相互之间的联系程度如何。简而言之，相关性说明了一个特征的值如何可以唯一决定其他特征的值。如果是有监督学习，可能是类别标签“C”对于特征“X”的相关性；如果是无监督学习，则可能是其他特征对于一个正被考虑的特征的相关性。我们可以选择一个其他特征对其相关性较高的特征。如果是 $D(X)$ 对类别 C 对于特征 X 的相关性，且如果 $D(X)>D(Y)$，则 X 比 Y 更受青睐。

1.5.4 一致性

特征选择的一个标准就是选择的特征所能够提供的类别结构，应当与整个特征集所能提供的类别结构相同。这个机制就称为一致性[40]，也就是在条件

$P(C|子集) = P(C|整个特征集)$ 下选择特征。因为我们必须选择与整个数据集保持相同一致性的特征。

1.5.5 分类精度

分类精度通常取决于所使用的分类器，并且适用于基于封装法的各类技术。其目的是根据分类符的反馈，选择能提供最佳分类精度的特征。虽然这个度量提供了具有质量的特征（也涉及分类算法），但它也存在一些缺点，例如，如何估计精度以及避免过拟合等，数据中的噪声可能导致错误的精度测度。计算精度的运算量很大，因为分类符需要耗费一定时间来学习数据。

1.6 特征生成方案

对于任何特征选择算法来说，下一个特征子集的生成都是关键。也就是说，在当前尝试中所选择的特征子集没有提供合适的解的时候，选择特征子集中的成分以进行下一次尝试。就此而言，我们共有三个基本的特征子集生成方案。

1.6.1 前向特征生成

在前向特征生成技术中，我们从空特征子集开始，然后一个接一个地添加特征，直到特征子集满足要求。所选特征子集的最大规模可以等于整个数据集中的特征总数量。一般的前向特征生成算法如图 1.7 所示。

```
Input:
S - data sample with features X, |X| = n
J - evaluation measure
Initialization:
a) Solution←{φ}
do
b) ∀ x ∈ X
c) Solution←Solution ∪ {x_i} i = 1..n
d) until Stop(J, Solution)
Output
d) Return Solution.
```

图 1.7 前向特征生成算法示例

“X” 是由数据集中所有特征组成的特征集。它共有 n 个特征，因此 $|X| = n$，“解” 就是会被算法选中的最终特征子集。

在步骤 a) 中，我们将 “解” 初始化为一个空集，它不含有任何值。步骤 c) 将序列中的下一个特征添加到 “解” 之中。步骤 d) 则对新的特征子集（在添加最后一个特征之后）进行评估。如果满足条件，则当前特征子集会作为选定子集返回；否则，序列中的下一个特征会被增加到 “解” 之中。持续这个过程，直至满足停止标准，即返回 “解”。

1.6.2 后向特征生成

后向特征生成技术与前向特征生成技术相反：在前向生成中，我们先添加一个空集，然后再一个接一个地添加特征。在后向特征生成中，我们是从完整特征集开始，一个接一个地删除特征，直至可以在不影响指定标准的情况下，无法删除其他特征为止。一般的后向特征生成算法如图 1.8 所示。

```
Input:
S - data sample with features X, | X| = n
J - evaluation measure
Initialization:
a) Solution←X
do
b) ∀x∈Solution
c)Solution←Solution - {xi} i = n..1
d)until Stop(J, Solution)
Output
d)Return Solution.
```

图 1.8　后向特征生成算法示例

在后向特征生成算法中，最开始在步骤 a）的时候，整个特征集被分配给“解”。然后，我们一个接一个删除特征。在删除一个特征之后，即生成一个新的子集。因此，|解 - 1|替代|解|。在删除第 i 个特征之后，对评估条件进行检查。典型条件是删除一个特征之后，不会影响剩余特征的分类精度，或者如果特征 A 被删除之后，剩余特征的一致性与整个特征集的一致性仍然相同，即可删除特征 A。从数学上来说，如果“R（Solution）”是特征子集“Solution”的一致性，x_i 是“Solution”中的第 i 个特征，则有

```
If R(Solution - {xi}) = R(Entire Feature Set) then
        Solution = Solution - {xi}
```

注意：我们还可以使用混合特征生成法，在这种技术中，前向和后向特征生成技术是同时使用的。两个搜索过程平行运行，其中一个搜索以空集开始，另一个则以完整集开始。一个依次添加特征，另一个则是依次删除特征。当任何搜索按照指定的条件找到特征子集时，过程停止。

1.6.3 随机特征生成

另外一种策略称为随机特征生成。在随机特征生成中，除了上述所有策略之外，我们随机选择特征作为解的一部分。可以根据任何规定的标准选择或者跳过特征。根据随机数生成机制来选择特征是一种简单的程序。根据程序生成一个在 0 和 1 之间的数，如果这个数小于 0.5，则当前特征将被包括在内，否则被排除。

```
Solution←{φ}
For i =1to n
```

```
If(Rand(0,1) <0.5),then
Solution←SolutionU{Xi}
```

在这个机制的基础上，典型的碰撞试验型特征选择算法如图 1.9 所示。

```
Input:
S-data sample with features X, |X| =n
J-evaluation measure

Solution←{φ}
For i =1 to n
If (Rand(0,1) <0.5)then
Solution←SolutionU{Xi}
Until Stop(J,Solution)
Output
d)Return Solution.
```

图 1.9　基于随机特征生成算法的碰撞试验型算法示例

遗传算法、粒子群算法、鱼群算法都采用了随机特征生成技术。但是，在这些算法中，也会使用一些试探法来生成下一个特征子集，并采用随机生成机制。我们将在接下来的章节中对此进行讨论。

1.7　相关概念

现在，我们介绍一些与特征选择相关的重要基本概念。

1.7.1　搜索机制

对于包含特征 X 的数据集 d，搜索算法需要探索特征空间。最为直接的技术是搜索整个数据集，并确定一个备选子集[6]。但不幸的是，穷举搜索不适用于规模较大的数据集，因为会导致计算空间复杂度高。因此，穷举搜索只适用于较小的数据集。

一种替代技术是使用随机搜索[40]，即选定一个随机的特征集，然后根据将它们选为所需特征子集应具备的能力，对其进行评估。持续这个过程，直至我们得到一个可能的备选解，或者已经超过了预先定义的时间段。第三种，也是使用最为普遍的技术，则是引入基于启发式的搜索技术[40]以进行特征子集选择。在这些技术中，使用启发式函数来引导搜索。搜索的目标是实现函数的最大值。这个过程一直持续下去，直到我们得到一个含有启发式函数所需值的解。

1.7.2　特征选择算法的生成

基于上述讨论，很明显可以看出，特征选择算法应当包括三个部分：使用特征子集组件生成下一个子集；基于评估测度来评估当前子集的质量；通过一定搜索机制使算法按照自己的方式进行特征选择。

图 1.10 是从参考文献［37］得到的特征选择算法的特性空间的改进形式。

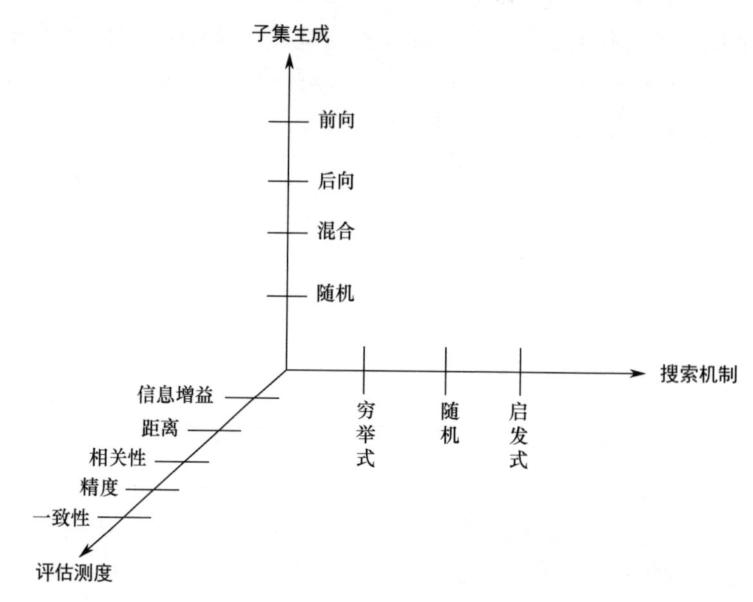

图 1.10 特征选择算法的特性空间

1.7.3 特征相关性

相关性是根据评估尺度进行定义的。如果删除这个特征不会影响评估尺度，则这个特征就是不相关的。例如，如果 $D(X)$ 是属性集“X”的类别标签的相关性，且 $D(X-x_i)=D(X)$，则属性 $x_i \in X$ 就是不相关的。也就是说，删除特征 x_i 不会影响类别标签对于剩余特征集的相关性。按照类似技术可对其他评估尺度进行定义。科哈维等[41]通过规定三个类别来定义相关性的程度：密切相关、略微相关和不相关。密切相关特征是指那些删除之后会对基本评估尺度造成破坏的特点。不相关特征是指那些删除之后不会对基本评估尺度造成破坏的特点，而略微相关特征则是指前两者之间的特点（也就是特征的相关性要比密切相关特征弱，但又大于 0，不相关特征的相关性被认为是 0）。

1.7.4 特征冗余度

冗余特征是指那些不会让特征子集添加任何信息的特点。与不相关特征一样，删除这类特征并不会破坏评估尺度，所以冗余特征就是指添加之后也不会改善评估尺度的特征。如果 $D(X)$ 是特征子集“X”的相关性，且如果 $D(X\cup\{x_j\})=D(X)$，则特征 X_j 即为冗余特征。换而言之，如果两个特征 X 和 Y 的相关性相同，则它们中的一个就是冗余的。

1.7.5 特征选择的应用

目前，几乎生活的所有领域都面临着高维度的问题。这不是唯一的问题，而噪声、不相关和冗余数据的存在也使得预期分析的执行变得困难。在这种情况下，特征选择是处理高维数数据的有效工具，可以使其为后续处理做好准备。我们将在这部分内容中就特征选择在消除上述问题中发挥了重要作用的部分领域进行讨论。

1.7.5.1 文本挖掘

随着时间的推移以及最新技术的日益涌现，我们的文字负担已经过重，如电子邮件、博客、书籍等。这就需要对文档进行适当的处理——例如，建立词汇表，从而找到与特定概念相关的文档的概念深度（如果“板球”这个单词要比其他单词多重复 15 次，那么，这个文档很有可能是会解释一些关于“板球”的内容)，以及对类似的书籍进行分类。特征选择技术已经成功地运用于文本分类和聚类之中。参考文献［44］的作者提供了五种经验证据，以证明特征选择技术可以提升文本聚类算法的效率和性能。文献中已经提出了许多可以有效地利用特征选择来进行文本挖掘的算法，参考文献［45-48］就是其中的一部分。

1.7.5.2 图像处理

表征图像并不是一项简单的任务，因为可能的图像特征的数量实际上是无限制的[49]。无论是简单的表面图像还是医学成像，特征选择在降维中都起到了重要的作用。它可以用于图像和视频流的处理/预处理，从而有助于分离图像的一部分（特征)，以用于特定的分析目的。特征选择在医学图像处理中的一些应用包括：图像识别，即在存在噪声的情况下识别图像的重要部分；图像分类，即根据图像内容进行训练，从大型存储库中检索图像，如自动区分健康和病变视神经的图像；图像清洗，消除噪声以便进一步诊断等。

1.7.5.3 生物信息学

生物信息学领域通常具有大量的输入特征，如在微阵列中，共有数百万种单核苷酸多态性（Single-Nucleotide Polymorphisms，SNP）以及数千个基因。因此，一个重要的工作就是区分各种情况下的有用特征（如单核苷酸多态性、基因)，也就是说，将某一类群体与其他类区分开，或者诊断一种疾病。特征选择是一个重要的工具，已经成功地应用于这类目的。它能够帮助决策者只关注重要或者有用的功能，而忽略其他功能。这个技术可以应用于微阵列分析、基因组分析、质谱分析等领域。

1.7.5.4 入侵检测

随着时间的推移，互联网已经成为每个人的必备工具。虽然可以从中获益，但在使用互联网时，人们总是面临着各种类型的入侵风险。入侵者每天都会以新的方式来破坏安全。例如，防火墙、防病毒程序这类静态措施不是必须的，我们需要有更加动态的入侵检测系统（Intrusion Detection System，IDS）。入侵检测系统可以是监控本地系统资源（如文件、日志、磁盘等）的主机类系统，也可以是监控网络流量的网络类系统。但是，这些系统的问题在于需要通过网络传输大量的数据。这种情况下，我们可以使用特征选择方法来检测事件的重要特征，然后根据这些特征训练系统，从而实现在未来可以自动检测任何入侵。

除了上述领域之外，我们还成功地将特征选择用于许多其他领域，如商业及金融、工业、天气预报、遥感、网络通信等。涵盖的这些领域已经超出了本书的范围，所以我们只对其中的一些领域以及特征选择的使用进行讨论。

1.7.6 特征选择：挑战性问题

特征选择出现以来，其过程一直在改进，但是仍然存在许多具有挑战性的问题。我们将在本节对其中几个问题进行讨论。

1.7.6.1 可扩展性

数据的规模每天都在增长，实例和特征的数量也在增长。现实世界中的应用程序通常都具有数千个特征和实例。数据集的规模已经增长到难以将数据集装入内存的程度，这就对特征选择算法满足数据集的可扩展性提出了很大的挑战。大多数的特征选择算法都需要将整个数据集保存在内存以进行精确的计算，这就需要更多的资源，因为算法很难在样本数量较少的基础上计算秩/相关性，或者使用不同的路径进行计算，这可能会影响算法的性能。因此，结论就是：随着数据集规模的快速增长，解决特征选择算法的可扩展性也变得至关重要。

1.7.6.2 稳定性

特征选择算法的稳定性是从业人员关注的另外一个挑战，在扰动较小的情况下，特征选择算法可能产生不同的特征。但是又要求它们产生相同的结果，也就是它们应当是稳定的。许多不同的因素都会影响某个特定的特征选择算法的输出结果，进而影响它的灵敏度，如维数 m、样本规模 n 以及不同折叠上的不同数据分布[39]。

1.7.6.3 关联数据

几乎所有的特征选择算法都假设数据是独立且相同分布的，但是，一个被忽略的重要因素则是数据也可能是关联的。尤其是随着 Facebook、Twitter 等社交媒体的出现，这些实例之间是相互关联的（用户与帖子关联，其他用户喜欢的帖子，用户发送推文，推文被其他用户转发等）。但不幸的是，对关联数据进行特征选择的工作却很少被提及。在存在关联数据的情况下[39]，特征选择算法面临的主要挑战是关联数据之间的关系以及如何利用这些关系进行特征选择。虽然关联数据的特征选择工作已经有所开始，如参考文献［42-43］，但这依然是特征选择从业人员需要优先考虑的一个挑战。

1.8 小　　结

在本章中，我们已经对特征选择所需的基本概念进行了讨论。从最基本的特征概念开始，到不同的特征选择技术，再到基本技术，最后讨论了其应用和挑战。一般来说，其他书籍和教程中解释的特征选择过程都涉及计算量庞大的数学方程、代数以及统计概念，这本身就是一个更大的挑战，尤其是对这个领域的新人来说。本书尝试使用一种非常简单的方式来解释这些概念，并在可能的情况下使用示例。我们还提供了算法的通用伪代码，以说明如何使用特定类型的算法。这对读者理解更高级的算法以及开发自己的算法特别有帮助。

参 考 文 献

1. Bishop CM (2006) Pattern recognition and machine learning, vol 128, pp 1–58
2. Domingos P (2012) A few useful things to know about machine learning. Commun ACM 55 (10):78–87
3. Villars RL, Olofson CW (2011) Big data: what it is and why you should care. White Paper, IDC 14
4. Jothi N, Husain W (2015) Data mining in healthcare—a review. Proc Comput Sci 72:306–313
5. Kaisler S et al (2013) Big data: issues and challenges moving forward. In 2013 46th Hawaii international conference on system sciences (HICSS). IEEE
6. Jensen R, Shen Q (2008) Computational intelligence and feature selection: rough and fuzzy approaches, vol 8. Wiley
7. Bellman R (1956) Dynamic programming and lagrange multipliers. Proc Natl Acad Sci 42 (10):767–769
8. Neeman S (2008) Introduction to wavelets and principal components analysis. VDM Verlag Dr. Muller Aktiengesellschaft & Co, KG
9. Engelen S, Hubert M, Branden KV (2016) A comparison of three procedures for robust PCA in high dimensions. Austrian J Stat 34(2):117–126
10. Cunningham P (2008) Dimension reduction. In: Machine learning techniques for multimedia. Cognitive Technologies. Springer, Berlin
11. Van Der Maaten L, Postma E, Van den Herik J (2009) Dimensionality reduction: a comparative. J Mach Learn Res 10:66–71
12. Friedman JH, Stuetzle W (1981) Projection pursuit regression. J Am Stat Assoc 76(376):817–823
13. Borg I, Groenen P (2005) Modern multidimensional scaling: theory and applications. Springer Science & Business Media
14. Dalgaard P (2008) Introductory statistics with R. Springer Science & Business Media
15. Zeng X, Luo S (2008) Generalized locally linear embedding based on local reconstruction similarity. In: Fifth international conference on fuzzy systems and knowledge discovery, FSKD'08, vol. 5. IEEE
16. Saul LK et al (2006) Spectral methods for dimensionality reduction. Semisupervised Learn 293–308
17. Liu R et al (2008) Semi-supervised learning by locally linear embedding in kernel space. In: 19th international conference on pattern recognition, ICPR 2008. IEEE
18. Gerber S, Tasdizen T, Whitaker R (2007) Robust non-linear dimensionality reduction using successive 1-dimensional Laplacian eigenmaps. In: Proceedings of the 24th international conference on machine learning. ACM
19. Donoho DL, Grimes C (2003) Hessian eigenmaps: locally linear embedding techniques for

high-dimensional data. Proc Natl Acad Sci 100(10):5591–5596
20. Teng L et al (2005) Dimension reduction of microarray data based on local tangent space alignment. In: Fourth IEEE conference on cognitive informatics, (ICCI 2005). IEEE
21. Raman B, Ioerger TR (2002) Instance-based filter for feature selection. J Mach Learn Res 1 (3):1–23
22. Yan G et al (2008) Unsupervised sequential forward dimensionality reduction based on fractal. In: Fifth international conference on fuzzy systems and knowledge discovery, FSKD'08, vol 2. IEEE
23. Tan F et al (2008) A genetic algorithm-based method for feature subset selection. Soft Comput 12(2):111–120
24. Loughrey J, Cunningham P (2005) Using early-stopping to avoid overfitting in wrapper-based feature selection employing stochastic search. In: Proceedings of the twenty-fifth SGAI international conference on innovative techniques and applications of artificial intelligence
25. Valko M, Marques NC, Castellani M (2005) Evolutionary feature selection for spiking neural network pattern classifiers. In: 2005 Portuguese conference on artificial intelligence. IEEE
26. Huang J, Lv N, Li W (2006) A novel feature selection approach by hybrid genetic algorithm. In: Trends in artificial intelligence, PRICAI 2006, pp 721–729
27. Khushaba RN, Al-Ani A, Al-Jumaily A (2008) Differential evolution based feature subset selection. In: 2008 19th international conference on pattern recognition, ICPR 2008. IEEE
28. Roy K, Bhattacharya P (2008) Improving features subset selection using genetic algorithms for iris recognition. In: IAPR workshop on artificial neural networks in pattern recognition. Springer, Berlin
29. Dy, Jennifer G., and Carla E (2004) Brodley. Feature selection for unsupervised learning. J Mach Learn Res 5:845–889
30. He X, Cai D, Niyogi P (2005) Laplacian score for feature selection. In: NIPS, vol 186
31. Wolf L, Shashua A (2005) Feature selection for unsupervised and supervised inference: the emergence of sparsity in a weight-based approach. J Mach Learn Res 6:1855–1887
32. Bryan K, Cunningham P, Bolshakova N (2005) Biclustering of expression data using simulated annealing. In: 2005 Proceedings 18th IEEE symposium on computer-based medical systems. IEEE
33. Handl J, Knowles J, Kell DB (2005) Computational cluster validation in post-genomic data analysis. Bioinformatics 21(15):3201–3212
34. Gluck M (1985) Information, uncertainty and the utility of categories. In: Proceedings of the seventh annual conference on cognitive science society. Lawrence, Erlbaum
35. Dash M, Liu H (1997) Feature selection for classification. Intell Data Anal 1(1-4):131–156
36. Vanaja S, Ramesh Kumar K (2014) Analysis of feature selection algorithms on classification: a survey. Int J Comput Appl 96(17)
37. Ladha L, Deepa T (2011) Feature selection methods and algorithms. Int J Comput Sci Eng 3 (5):1787–1797
38. John GH, Kohavi R, Pfleger K (1994) Irrelevant features and the subset selection problem. In: Proceedings of the eleventh international conference on machine learning
39. Tang J, Alelyani S, Liu H (2014) Feature selection for classification: a review. Data Classif Algorithms Appl 37
40. Hua J, Tembe WD, Dougherty ER (2009) Performance of feature-selection methods in the classification of high-dimension data. Pattern Recogn 42(3):409–424
41. Kohavi R, John GH (1997) Wrappers for feature subset selection. Artif Intell 97(1–2):273–324
42. Tang J, Liu H (2012) Feature selection with linked data in social media. In: Proceedings of the 2012 SIAM international conference on data mining. Society for industrial and applied mathematics
43. Gu Q, Han J (2011) Towards feature selection in network. In: Proceedings of the 20th ACM international conference on information and knowledge management. ACM
44. Liu T et al (2003) An evaluation on feature selection for text clustering. In: ICML, vol 3
45. Tutkan M, Ganiz MC, Akyokuş S (2016) Helmholtz principle based supervised and unsupervised feature selection methods for text mining. Inf Process Manag 52(5):885–910
46. Özgür L, Güngör T (2016) Two-stage feature selection for text classification. In: Information sciences and systems, pp 329–337. Springer International Publishing

47. Liu M, Xiaoling L, Song J (2016) A new feature selection method for text categorization of customer reviews. Commun Stat-Simul Comput 45(4):1397–1409
48. Kumar V, Sonajharia M (2014) Multi-view ensemble learning for poem data classification using SentiWordNet. In: Advanced computing, networking and informatics-volume 1, pp 57–66. Springer International Publishing
49. Bins J, Draper BA (2001) Feature selection from huge feature sets. In: 2001 Proceedings of eighth IEEE international conference on computer vision, ICCV 2001, vol 2. IEEE

第2章　背　　景

为了克服维数灾难的问题，有一种技术就是在不影响整个数据集中相关信息的情况下进行降维。现有文献中已经提出了各种各样的降维技术。在本章中，我们对这些技术进行了小结。

2.1　维数灾难

数据正在以创纪录的速度不断增长[1]。这种增长在人类活动的所有领域都有所体现，从日常产生的数据，如电话、银行交易、商业活动等，再到更具技术性且更复杂的数据，包括天文数据、基因组数据、分子数据集、医疗记录等。这些数据集可能包含着很多有用但仍未被发现的信息。数据的这种增加包括两个方面，即样本/实例的数量以及记录并计算的特征的数量。因此，许多现实世界的应用程序需要处理具有成百上千个属性的数据集。几乎没有这样的数据集可以公开获取[2]。

数据集维数的显著增加导致出现了一个名为维数灾难的现象。维数灾难是指由于（数学上的）空间中额外的维数增加所造成的体积呈指数增长的问题[4]。降维（Dimension Reduction，DR）被用于预处理[13]。原始特征空间被映射到一个全新的降维空间之中，样本则在这个新的空间中表示[5]。通常来说，数据集包含大量的误导性和冗余信息，在对这些数据集执行任何进一步的处理之前，都需要删除这些信息。例如，在推导复杂的分类规则时，首先进行降维处理会更加有效。这个步骤不仅可以提高性能，而且还可以提升分类的准确性，从而使得规则更容易理解。

进行降维的技术多种多样，可参见参考文献［6-10］，但许多这类技术会破坏数据的基本语义，从而使得它们不适合用于许多现实世界的应用程序。

因此，这本书将主要关注可以保留原始数据语义的降维技术。具体来说，我们将关注那些基于粗糙集理论的技术[11]。降维技术的分类如图2.1所示。目前提出的技术分为两类：一类是在降维过程中会改变数据底层语义的技术；另一类是可以保留数据语义的技术。技术的选择取决于潜在的应用，也就是说，如果某个具体应用需要保留原始数据语义，则应当选择可以确保保留原始数据语义的降维技术。但是，如果某个应用是要对属性之间的关系进行讨论，则应当选择在强调这些关系的同时，能将数据转换为二维或者三维的技术。

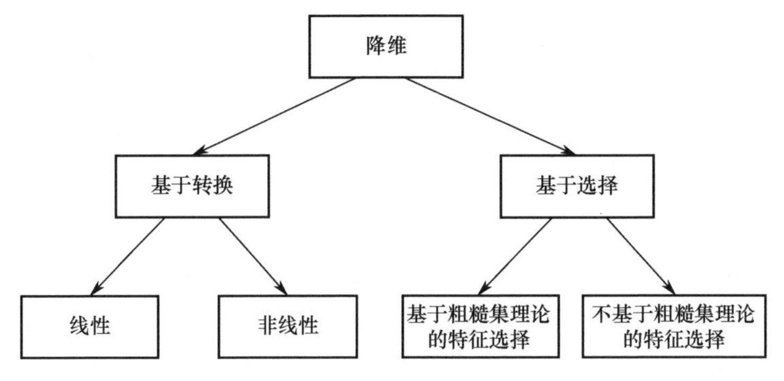

图 2.1　降维技术的分类

基于选择的技术可以是基于粗糙集理论的，也可以不是基于粗糙集理论的。除此之外，还有其他技术可以兼顾语义保持维数，如机器学习算法 C4.5[12]。在本章中，我们将对上述各个类别的实例技术进行讨论。这些技术已经超出了本书的范围。

2.2　基于转换的降维

该类技术都是降维文献中常见的技术之一。它们可以执行降维处理，但同时会兼顾对描述性数据集特征的转化。如果后续处理不需要原始特征语义，那么，这类技术就非常有用。本节会对部分这类技术进行讨论，这类技术被分为线性技术和非线性技术两类。

2.2.1　线性技术

随着时间的推移，现有文献中提出了各种线性降维技术，包括主成分分析[13-17]和多维尺度[18]等技术。

2.2.1.1　主成分分析

主成分分析（Principal Component Analysis，PCA）[13-14]是一种知名的数据分析和转换工具，被认为是降维的典型技术。主成分分析是一种数学工具，可以将大量的相关变量转换为数量较少的不相关变量，后者称为成分。这个做法的目的是减少数据集的维数，但仍然保留数据的原始可变性。第一个主成分代表了最大可能的可变性，每一个后续成分则代表了最大的剩余可变性。

主成分分析表示高维向量的方差-协方差结构，其初始成分变量的线性组合较少。例如，对于一个 p 维随机向量 $\boldsymbol{X}=(X_1,X_2,\cdots,X_p)$，主成分分析可以找到 k 个（单变量）随机变量 $Y_1,Y_2,\cdots,Y_k$，称为 K 个主成分，并由下式定义：

$$Y_1 = l_1'\underline{X} = l_{11}X_1 + l_{12}X_2 + \cdots + l_{1p}X_p$$
$$Y_2 = l_2'\underline{X} = l_{21}X_1 + l_{22}X_2 + \cdots + l_{2p}X_p$$

$$\vdots$$

$$Y_k = l'_k\underline{X} = l_{k1}X_1 + l_{k2}X_2 + \cdots + l_{pk}X_p$$

式中：l_1，l_2，…是根据以下条件选择的系数向量。

(1) 第一个主成分 = 能使方差（$l'_1\underline{\boldsymbol{X}}$）最大且 $\| l_1 \| = 1$ 的线性组合 $l'_1\underline{\boldsymbol{X}}$。

(2) 第二个主成分 = 能使方差（$l'_2\underline{\boldsymbol{X}}$）最大且 $\| l_2 \| = 1$，同时使协方差（$l'_1\underline{\boldsymbol{X}}, l'_2\underline{\boldsymbol{X}}$）= 0 的线性组合 $l'_2\underline{\boldsymbol{X}}$。

(3) 第 j 个主成分 = 能使方差（$l'_j\underline{\boldsymbol{X}}$）最大且 $\| l_j \| = 1$，同时使协方差$\underline{R}_j^{\zeta}$（D_i）（x_j）（对于所有的 $k < j$）的线性组合 $l'_j\underline{\boldsymbol{X}}$。

这意味着，每个主成分是一个线性组合，能使这个线性组合的方差最大，这个主成分与前一个成分的协方差为零。图 2.2 展示了对应主成分的二维正态点云。

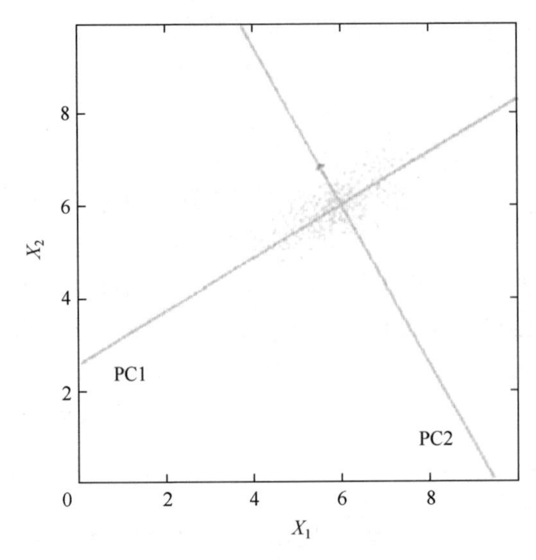

图 2.2　对应主成分的二维正态点云[19]

因此，通过定位新的坐标系，主成分分析使得数据集样本向量沿其轴线方向的方差最大化，同时也对样本进行了适当的变换。新坐标轴按照方差递减的顺序构造，从而使得新坐标轴中第一个变量的方差最大，以此类推。新样本空间中的相关性被减少了或者完全消除了，从而减少了冗余。因此，可以使用主成分分析对数据集进行降维，然后根据需要选择适当数量的前 k 个主成分，而丢弃其余的成分。

但是，主成分分析存在以下缺点。

(1) 它破坏了数据的潜在语义。

(2) 它只能用于数值型数据集。

(3) 它只能处理线性投影，从而忽略了数据中的任何非线性结构。

(4) 需要人为输入来决定应当保留前多少个主成分。因此，操作员的任务是平衡信息损失与降维，以适应当前的任务。

2.2.1.2 投影寻踪

投影寻踪（Projection Pursuit，PP）[20-21]使用一个质量矩阵以将数据投影到更低的维数上，通过对某个“兴趣度”指数的投影方向进行局部优化，以选择感兴趣的投影。

这个技术可以在从高到低的投影中找到最能说明原始数据集结构信息的投影。在找到所需的投影之后，现有的结构（聚类、表面等）可以被单独提取出来并进行分析。

投影寻踪最基本的形式是散点图[21]。散点图最简单的形式则是一次使用两个维数来显示数据特征。很容易生成所有 n 个维数的二维散点图以进行分析。总共可以有（2^n）对散点图。但是，这个技术只允许使用二维散点图来执行任务。

因此，给出单维投影分布的投影被认为是有趣的，因为不同于正态分布。我们可以使用由不同形式的正态偏差产生的不同投影指数。在参考文献［21］中，费里德曼和图基选择了让投射追踪工作自动化，使用数值指标来描述投影中呈现的结构数量。然后，启发式搜索可以使用这些指数以寻找“感兴趣的”投影。在找到一个结构之后，将其从数据中删除，并检查数据的后续结构，持续这个过程，直至未在数据中发现后续结构为止。

可能会出现不同的投影，每一个投影都突出了高维数据结构的一个不同方面。一般来说，由于线性投影的简单性和可解释性，通常使用线性投影。

投影寻踪的部分缺点与主成分分析相同。投影寻踪可用于线性数据，而不适用于非线性数据。

2.2.1.3 多维尺度

多维尺度（Multidimensional Scaling，MDS）[18,22]使用数据点之间的距离将高维数据转换为低维数据。因此，这类技术也称为距离技术。但是，距离也可以使用数据点之间的相似性或者不相似性来度量。因此，多维尺度将高维数据转换为低维数据（一般来说，这些维数可以是两维到三维），并尝试最大限度地保留中间点的距离[23]。

从视觉上来说，多维尺度将高维数据映射到低维数据，从而使得原始数据集的模式就可以在转换后的低维空间中尽可能多地存在。从视觉上看，如果我们绘制出原始空间和转换空间即可发现，原始空间中彼此靠近的点，在转换空间中也是彼此靠近的。同样地，原始空间中彼此远离的点在转换空间中也会保持距离。例如，对于一组给定的不同品牌的空气清新剂，如果两个品牌彼此接近，则多维尺度对它们进行的映射可以使它们在转换后的映射上依旧保持彼此接近。

从更专业的角度来看，多维尺度所做的就是在 p 维空间中找到一组向量，从而根据一个称为应力的准则函数[22]，使得它们之间的欧几里得距离矩阵尽可能地与输入矩阵的某个函数相接近。

这个算法的简化过程如下所示。

(1) 将一个点分配到 p 维空间的任意坐标。

(2) 计算所有点对之间的欧几里得距离，以构成矩阵。

(3) 评估应力函数，将矩阵与输入 $\boldsymbol{D}$ 矩阵进行比较。数值越小，两者之间的对应越强。

(4) 在能使应力最大化的方向上调整每个点的坐标。

(5) 重复步骤 (2) ~ (4)，直至应力不再降低。

就欧几里得距离而言，主成分分析和多维尺度是等价的。但是，对于多维尺度而言，我们可以使用不同类型的指标和其他技术。无论使用哪种技术，基本原则都是相同的。多维尺度的第一步是确定“空间距离模型”[22]。以下是一些用于确定数据点之间的接近性的符号。

令 $\boldsymbol{\Delta}$ 和 $\boldsymbol{D}$ 是表示不同对象集合的两个 $N \times N$ 维矩阵。矩阵中的对象以 i 和 j 作为索引，其中 δ_{ij} 是对象 i 与对象 j 的相异度数值[22]，而 d_{ij} 则表示点对 x_i 和 x_j 之间的距离，如下式所示：

$$\boldsymbol{\Delta} = \begin{bmatrix} \delta_{11} & \delta_{12} & \cdots & \delta_{1N} \\ \delta_{21} & \delta_{22} & \cdots & \delta_{2N} \\ \vdots & \vdots & & \vdots \\ \delta_{N1} & \delta_{N12} & \cdots & \delta_{NN} \end{bmatrix}$$

$$\boldsymbol{D} = \begin{bmatrix} d_{11} & d_{12} & \cdots & d_{1N} \\ d_{21} & d_{22} & \cdots & d_{2N} \\ \vdots & \vdots & & \vdots \\ d_{N1} & d_{N12} & \cdots & d_{NN} \end{bmatrix}$$

多维尺度的目标是找到一种配置，以使 d_{ij} 的距离尽可能地匹配相异度 δ_{ij}[22]。

我们可以使用基于多维尺度的不同函数变化来转换接近性。经典的度量多维尺度是多维尺度的一种基本形式，其中 d_{ij} 应尽可能接近 δ_i，以欧几里得距离进行度量。这有时又称为主坐标分析，它也相当于主成分分析[23]。在经典多维尺度技术中，d_{ij} 与 δ_{ij} 之间的关系取决于相异度的度量性质。另一方面，非度量多维尺度是指 d_{ij} 与 δ_{ij} 之间的关系取决于相异度的排序的那类技术[22]。

在其原始形式中，多维尺度[22]使用数据点之间的距离，并寻找能够给出类似近似的配置。通常来说，使用通过主成分分析得到的子空间的线性投影。但是，多维尺度的基本概念（也就是将各个点之间的距离近似为一个全新的低维子空间）也可以用来构造非线性投影的技术。

2.2.2 非线性技术

毫无疑问，线性降维法是有用的，但是它们却不能在非线性数据的情况下使用。这推动了非线性降维法的发展，如参考文献［24-26］。非线性技术的一个实例就是局部线性嵌入（Locally Linear Embedding，LLE）[27-28]。

2.2.2.1 局部线性嵌入

局部线性嵌入利用线性重构的局部对称性（高维数据）来计算低维且邻域保留的重构（嵌入）。通过下列非正式的类比可以更好地解释这一点[28]。但是，初始数据是三维的，采用了矩形流形（二维），然后又被塑造成三维 S 形曲线。现在，使用剪刀将这个流形剪成小方块。每个正方形代表非线性曲面的一个局部线性小块。原始数据是三维的，虽然以二维矩形流形的形式出现，但之前已经被塑形为三维 S 曲线。将此流行剪为多个小正方形，每个小正方形代表非线性平面的局部线性路径。通过保持相邻小正方形的角度，可将这些小正方形安排在光滑平面上。由于所有这些变换只包含平移、缩放或旋转，所以这是一个线性变换。因此，通过这个过程，算法使用一系列线性步骤找到非线性结构。

第一步，在数据点中选择邻点。这种选择可以使用 k 个最近邻点的欧几里得距离来实现[29]。第二步，局部线性嵌入计算权重，使用最小二乘问题来线性重构数据点。使用的成本函数如下：

$$E_1(W) = \sum_{i=1}^{N} \left| \left(X_i - \sum_{j=1}^{k} W_{ij} X_{Nj} \right) \right|^2 \tag{2.1}$$

最后，我们通过将嵌入的成本函数最小化，来计算低维嵌入向量：

$$E_2(Y) = \sum_{i=1}^{N} \left| \left(Y_i - \sum_{j=1}^{k} W_{ij} Y_{Nj} \right)^2 \right. \tag{2.2}$$

图 2.3 对局部线性嵌入算法进行了概述，给出了三个步骤的小结。

1. 计算每个数据点的邻点 $\boldsymbol{X}_i$。
2. 计算权重 W_{ij}，要求能根据其邻点对每个数据点 $\boldsymbol{X}_i$ 进行最优重构，同时可以通过约束线性拟合以使式（2.1）的成本最小。
3. 计算被权重 W_{ij}最优重构的向量 $\boldsymbol{Y}_i$，以利用其底部的非零特征向量使式（2.2）的二次形式最小化。

图 2.3 局部线性嵌入算法概述

为了节省时间和空间，局部线性嵌入也倾向于积累非常稀疏的矩阵。这也可以避免动态涉及的问题。但是，局部线性嵌入没有提供任何指示，以说明如何将测试数据点从输入空间映射到流形空间，或者如何从低维表示形式重构数据点。

与局部线性嵌入类似，拉普拉斯特征映像试图在找到低维数据表示的同时，保持流形的局部属性[30]。在拉普拉斯特征映像中，局部属性都基于邻点。在尝试构建数据的低维表示时，拉普拉斯特征映像可以将一个数据点与其 k 个最近邻点之间的距离最小化。权重即用于这个目的，也就是相比于数据点与其第二个最近邻点之间的距离，数据点与其第一个最近邻点之间的距离对成本函数影响更大；相比于数据点与其第三个最近邻点之间的距离，数据点与其第二个最近邻点之间的距离对成本函数影响更大，以此类推。利用谱图理论，成本函数的最小化就被定义为一个特征问题。

2.2.2.2 等距映射

相比于欧几里得距离，等距映射[31]使用了测地线的点间距离。两个红点之间的测地线距离就是测地线路径的长度，这是曲面上两个点之间最短的路径[32]。图 2.4 显示了两个黑点之间的测地线距离。

等距映射可以处理的 R^n 中的点的有限数据集，这些点被假设为在一个低维 $(d<n)$ 的光滑子流形 M^d 上分布。根据给定的数据点，算法会尝试恢复 M。对于根据数据点构建的给定图形 G，等距映射会尝试确定 M 中的数据点之间的测地线距离。等距映射算法由以下三个基本步骤构成。

（1）根据输入空间中的点对的距离，确定哪个点是流形 M 的邻点。

（2）计算它们在图形 G 中的最短距离路径，估计流形 M 上的所有点对之间的测地线距离。

（3）在图形距离矩阵中使用多维尺度，在 d 维欧几里得空间 Y 中构建一个数据的嵌入，以最大程度地保留流形的估计几何形态。

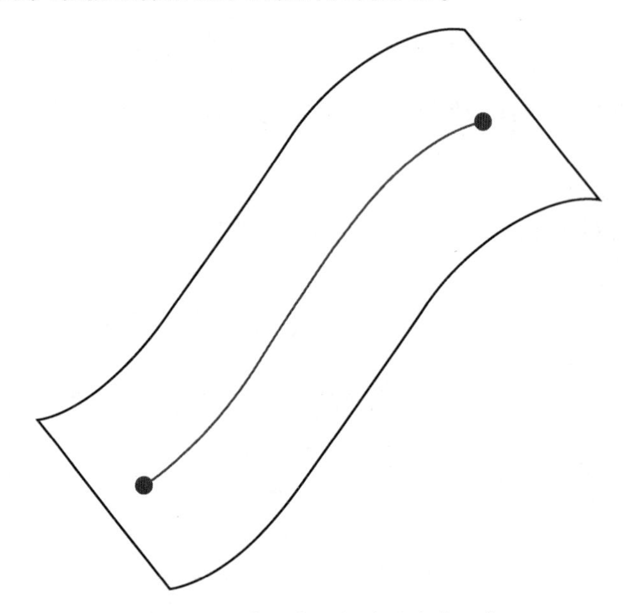

图 2.4　两个黑点之间的测地线距离

在等距映射中，"领域"规模的选择非常关键，因为尺寸较大会使领域图像"缩短"，尺寸较小又会使图形变得过于稀疏，而不能对测地线距离近似。

等距映射的成功取决于能够选择的领域尺寸（不论是 ε 或者 K），既不会太大以在领域图形中造成"缩短"边缘，也不会过小以使图形变得过于稀疏，而不能准确地对测地线距离近似。如果在测地线上彼此并不接近的数据点之间存在联系，就会出现缩短边缘，从而导致出现无法保留流形真实拓扑形态的低维嵌入出现。领域尺寸的选择是一个明显的限制[31]。

2.2.2.3 多元自适应回归样条

多元自适应回归样条（Multivariate Adaptive Regression Spline, MARS）[34]是用于解决回归类型问题，以在一组条件特征中预测决策类的值。它没有对基础函数关系做任何假设，而是使用基函数来构造这种关系。

基函数的形式可以如下所示：

$$(x-t)_+ = \begin{cases} x-t, x>t \\ 0, \text{其他} \end{cases}$$

式中：t 是基函数的控制点，它是由数据决定的。

广义多元自适应回归样条算法如下所示。

（1）首先，从只包含常数基函数的最简单模型开始。

（2）对于每个变量以及可能的控制点，搜索基函数空间并按照一定的条件添加基函数（也就是说，预测误差最小化）。

（3）重复步骤（2），直至得到一个预定最大复杂性的模型。

（4）去除对整体（最小二乘）拟合优度贡献最小的基函数，以使用修剪程序。

使用蛮力计算法寻找变量、交互作用和控制点，同时使用最小二乘法来确定回归系数。但是，由于数据中存在噪声，所以多元自适应回归样条也有可能生成复杂的模式。

2.3 基于选择的降维

基于转换的技术会破坏数据底层语义，与此相反，语义降维技术（称为特征选择）保留了原始数据语义。特征选择的主要目的是从整个数据集中找到最小的特征子集，同时保持对原始特征的高精度表示。实际工作中的数据可能是有噪声的，而且可能包含不相关以及存在误导性的特征，因此，许多实际应用都需要使用特征选择来解决这个问题。例如，通过消除这些因素，对数据技术进行学习就可以大大受益。

2.3.1 有监督学习的特征选择

在有监督学习中，特征子集选择会探索特征空间，生成候选子集，并根据标准对它们进行评估/评级，这就是搜索过程的指南。一个特征或者特征子集的有用性是同时由它的相关性和冗余度决定的[2]。如果一个特征决定了决策特征的值，那么它就是相关的；否则，它就是无关的。冗余特征是与其他特征高度相关的特点。因此，一个优质的特征子集应当是与决策特征高度相关但彼此之间又不相关的特征子集。

有监督和无监督特征选择技术中所用的评估方案一般可以划分为以下三大类[35-36]。

（1）过滤法。

（2）封装法。

（3）嵌入法。

2.3.2 过滤技术

过滤技术进行特征选择不依赖学习算法。特征是根据一些等级或者分数而进行选择的。根据一个独立的评价标准，如距离度量、熵度量、相关性度量和一致性度量，给每一个单独的特征打分以表明这个项的“重要性”[37]。之前的文献中提出了各种基于特征过滤器的特征选择技术，如参考文献［38-40］。在本节中，我们将讨论一些有代表性的过滤技术，以及每种技术的优、缺点。

2.3.2.1 FOCUS

FOCUS[41]使用宽度优先搜索来寻找能对训练数据进行一致标记的特征子集。它评估了所有当前规模的子集（最初只有一个），然后删除至少有一个不一致的子集。持续这个过程，直至找到一个一致的子集，或者已经计算了所有可能的子集。但是，这种算法存在两个主要缺点：它对于训练数据集和算法的噪声或者不一致性非常敏感；由于特征幂集的规模呈指数增长，所以这个算法不适合在维数较多的领域进行应用。图 2.5 为 FOCUS 算法的伪代码。

```
FOCUS (O,c)
O，所有对象的集合；
c，条件特征的数量；

1) R←{ }
2) for num=1…c
3) for each subset L of size num
4) cons=determineConsistency (L,O)
5) if cons==true
6) R←L
7) return R
8) else continue
```

图 2.5 FOCUS 算法的伪代码

2.3.2.2 RELIEF

RELIEF[42]的工作原理是根据其识别不同决策类之间对象的能力，为每个属性分配相关权重。它随机选择一个对象，找到它的相近命中（nearHit）（带有相同类别标签的对象）和相近差错（nearMiss）（带有不同类别标签的对象）。

两个对象之间的距离是它们之间值不相同的特征的数量总和，即

$$\mathrm{dist}(o,x)=\sum_{i=1}^{|C|}\mathrm{diff}(o_i,x_i) \tag{2.3}$$

其中

$$\text{diff}(o_i, x_i)_+ = \begin{cases} 1, o_i \neq x_i \\ 0, o_i = x_i \end{cases} \tag{2.4}$$

也就是说，如果两个对象的属性的值不相同，则对象之间的距离就是“1”；如果两个对象的属性的值相同，则距离为“0”。算法需要人工设定阈值，而这个阈值应当确定最终会选择哪个属性。但是，这个算法不能去除冗余特征，因为两个预测的、高度相关的特征都有可能被给予较高的相关权重。图 2.6 给出了 RELIEF 算法的伪代码。

```
RELIEF (O, c, S, ε)
O，所有对象的集合；
c，条件特征的数量；
S，迭代的次数；
ε，权重阈值。
1) R←{ }
2) ∀Wa, Wa← 0
3) for i =1…S
4) choose an object x in O randomly
5) calculate x's nearHit and nearMiss
6) for j =1…c
7) Wj←Wj -diff(Xj, nearHitj)/itS+diff(Xj, nearMissj)/itS
8) for j = 1…c
9) ifWi ≥ε ; R←R∪{j}
10)     return R
```

图 2.6　RELIEF 算法的伪代码

2.3.2.3　使用属性模式进行选择构造排序（SCRAP）

图 2.7 给出了 SCRAP 算法[43]的伪代码。

```
SCRAP (O)
O，所有对象的集合；
1) A←{ };∀Wi,Wi =0;
2) T←randomObject ( );PoC←T
3) whileO≠ { }
4) O←O←PoC;PoCnew←NewPoC (PoC)
5) n =dist (PoC,PoCnew)
6) if n ==1
7) i =diffFeature (PoC,X);A←A∪ {i}
8) N←getClosestNeighbours (PoC,n)
9) ∀X∈N
10) if classLabel (X) ==classLabel (N)
11) O←O←X
12) if dist (PoC,X) ==1
13) i =diffFeature (PoC,X); Wi =Wi -1
14) else if dist (PoC,X) >1
15)       incrementDifferingFeatures (X,W)
16) R←A
17) ∀Wi,ifWi >0thenR←R∪ {i}
```

图 2.7　SCRAP 算法的伪代码

这个技术（SCRAP，参考文献［43］）在实例空间中进行顺序搜索，来确定特征的相关性。它试图按照一次考虑一个对象（实例）的方式，来识别那些会改变数据集决策边界的特征，而这些特征是被认为是最有信息的。算法首先选择一个随机对象，这个对象被认为是第一个的类改变点（Point of Class Change，PoC）。然后，它会选择下一个类改变点，这个点通常是具有不同类标签的最近对象。在这之后，这个有不同类标签的对象的最近对象就会成为下一个类改变点。这两个类改变点就定义了这两个类之间的决策边界的邻域和维度，而这两个类之间的决策边界又是由它们之间变化的特征而定义的。如果它们之间只有一个特征发生变化，则这个特征被认为是绝对相关的，并将应其包含在特征子集中，否则，它们的相关权重（初始为零）将增加。但是，如果同一类中的对象比这个新的类改变点更加接近，并且只相差一个特征，那么相关性权重就应减少。然后，删除属于邻域的物体，并继续这个过程，直至任何领域都没有未分配的对象为止。然后，选择具有正相关权重的特征以及绝对相关的特征，组成最终特征子集。

这个技术的主要缺点在于它需要定期选择大量的特征。这通常会在权重减少的情况下发生。如果类改变点和属于同一个类的对象之间不止一个特征发生变化，那么特征权重不会受到影响。

2.3.3 封装技术

对过滤技术的问题之一就是，选择属性的过滤器是独立于学习算法的。为了解决这个问题，封装技术使用分类器的性能来指导搜索，也就是将分类器封装在特征选择过程之中[47]。因此，在这些技术中，特征子集是根据泛化精度而选择的，而这个精度又是通过交叉验证对训练数据进行估计而得出的。

四个主流的策略[35,44]如下所示。

（1）前向选择（Forward Selection，FS）。从一个空的特征子集开始，逐个评估所有的特征，然后选择最佳的特征，并将这个特征逐个与其他特征进行组合。

（2）后向消除（Backward Elimination，BE）。首先选择所有特征，逐个删除特征以进行评估，并继续删除特征，直到选出最佳的特征子集。

（3）遗传搜索使用遗传算法（Genetic Algorithm，GA）来搜索特征空间。每个状态都是由染色体定义的，而一个染色体实际上就代表了一个特征子集。有了这种表示，遗传算法实现的特征选择就变得相当简单。但是，对适应度函数（即其分类精度）的评估可能是非常昂贵的。

（4）不同于保持染色体总数（每一个染色体代表一个特征子集）的遗传算法，模拟退火（Simulated Annealing，SA）只考虑一个解。这个技术进行随机搜索，因为解决方案有可能出现一些退化——这可以更有效地探索搜索空间。

如果在添加或者删除后续特征时，不会影响分类准确性，则前向消除和后向消除就会终止。但是，这些贪婪的搜索策略并不能保证得到最优的特征子集。遗传算法和模拟退火是更为复杂的技术，它们可以更好地探索搜索空间。

2.3.4 无监督学习的特征选择

但是，无监督学习的特征选择非常具有挑战性，因为成功标准没有明确定义。之前文献中已经提出了各种无监督特征选择技术，如参考文献［45-47］，但是在下一节中，我们将只讨论一些有代表性的技术。无监督学习特征选择的分类技术与有监督学习的分类技术相同，共分为无监督过滤法和无监督封装法两大类，相关讨论如下。

2.3.4.1 无监督过滤法

过滤法类技术的主要特点是：根据一些等级或者分数来选择特征，而这些等级或者分数仍然独立于分类或者聚类过程。拉普拉斯算子分数（Laplacian Score，LS）就是这种策略的一个实例，如果动机是保留局部性的，它可以用于降维。拉普拉斯算子分数将这种思想用于无监督特征选择之中[48]。拉普拉斯算子分数选择特征是通过保留同在输入空间和约简输出空间之中的对象之间的距离来实现的。这一标准假定所有特征都是相关的，唯一的问题是，它们可能是多余的。

拉普拉斯算子分数使用一个图形 G 来进行计算，这个图形可以描述输入数据点之间的最近近邻关系。使用方形矩阵 $\boldsymbol{S}$ 来表示 G，如果 x_i 和 x_j 不是相邻点，则 $S_{ij}=0$，否则

$$s_{ij} = \mathrm{e}^{-\frac{|x_i-x_j|^2}{t}} \tag{2.5}$$

式中：t 是带宽参数。$\boldsymbol{L}=\boldsymbol{D}-\boldsymbol{S}$ 表示图形的拉普拉斯算子，$\boldsymbol{D}$ 为度对角矩阵，如下所示：

$$D_{ij} = \sum_j S_{ij}, D_{ij,i\neq j} = 0 \tag{2.6}$$

拉普拉斯算子分数可以使用下列公式计算得出：

$$\tilde{\boldsymbol{m}}_{\mathrm{i}} = \boldsymbol{m}_i \frac{\boldsymbol{m}_i^{\mathrm{T}}}{\boldsymbol{1}^{\mathrm{T}}\boldsymbol{D}\boldsymbol{1}}\boldsymbol{1} \tag{2.7}$$

$$\mathrm{LS}_i = \frac{\tilde{\boldsymbol{m}}_i^{\mathrm{T}}\boldsymbol{L}\,\tilde{\boldsymbol{m}}_i}{\tilde{\boldsymbol{m}}_i^{\mathrm{T}}\boldsymbol{D}\,\tilde{\boldsymbol{m}}_i} \tag{2.8}$$

式中：$\boldsymbol{m}_i$ 是第 i 个特征的值向量；$\boldsymbol{1}$ 是一个长度为 n、元素取值为 1 的向量（$\boldsymbol{1}=[1,1,\cdots,1]^{\mathrm{T}}$）。

所有的特征都可以按照这个标准进行评分，也就是它们保持局部有效性的程度。这个思想优先选择权重较小的 t 特征，适用于保留局部领域的情形[48]，如图像分析。但是如果存在不相关特征，该方法可能不是一个明智的选择，如基因表达数据的分析或者文本分类。

2.3.4.2 无监督封装法

封装法类技术将分类或者聚类过程作为特征选择的一部分以评估特征子集。

参考文献［49］中提出了一种这类的技术。作者利用类别单元（Category Unit，CU）[40]的概念提出了无监督封装法类特征子集选择算法。将类别单元作为评估函数使用，来指导概念创建过程，其定义如下：

$$CU(C,F) = \frac{1}{k}\sum_{q \in C}\left[\sum_{f_i \in F}\sum_{j=1}^{r_i} P(f_{ij}|C_l)^2 - \sum_{f_i \in F}\sum_{j=1}^{r_i} P(f_{ij})^2\right] \tag{2.9}$$

式中：$C=\{C_1,C_2,\cdots,C_l,\cdots,C_k\}$ 是聚类集；$F=\{F_1,F_2,\cdots,F_i,\cdots,F_p\}$ 是特征集。

类别单元计算了聚类 l 中值为 j 的特征 i 的条件概率与其先验概率的差值。最里面的总和超过了 r 个特征值，中间的总和超过了 p 个特征，最外面的总和超过了 k 个聚类。在封装器类的搜索中，类别单元被视为是对聚类质量评分的关键概念。

2.3.4.3 嵌入法

嵌入法是最后一类特征选择技术。就像构造决策树一样，嵌入法中的特征选择也是分类算法的一个组成部分。在这类技术中，有各种各样的技术来进行特征选择，如参考文献［51-53］。在这里，我们将对基于前向搜索法的嵌入式特征选择技术（ESFS）[54]进行讨论，这种嵌入式特征选择技术会逐步添加绝大多数相关特征。流程包括以下四个步骤。

步骤1：计算单个特征的信任质量。

步骤2：评估单个特征，选择潜在特征的初始集合。

步骤3：组合特征，以生成特征子集。

步骤4：评估停止标准，并选择最优特征子集。

随着特征子集的增大，最佳分类率开始下降，即为ESFS的停止标准。受到封装前向搜索法（SFS）的启发，这个算法也是逐步选择特征。它从证据理论中引入的术语“信任质量”进行特征处理，从而以嵌入的方式实现特征信息合并。

2.4 基于相关性的特征选择

截至目前，我们所讨论的特征选择技术中的绝大多数都只考虑了单个属性。但是，特征选择技术的一个重要类别就是一次性考虑多个属性（即完整的属性子集），同时对属性本身以及属性与决策类之间的关系进行解释。我们将这个类别称为基于相关性的特征选择（Correlation-based Feature Selection，CFS）。基于相关性的特征选择是以如下所示的假设为基础的[55]。

优质的特征子集包含与类别高度相关但彼此不相关的特征。

基于相关的特征选择的公式参见参考文献［55］：

$$r_{zc} = \frac{k_{\overline{r_{zi}}}}{\sqrt{k + k(k-1)_{\overline{r_{ii}}}}} \tag{2.10}$$

式中：r_{zc}为总和组合和外部变量之间的相关性；k 为组分的数量；$r_{\overline{zi}}$为组分和外部变量之间的相关性的平均值；$r_{\overline{ii}}$为组分之间的平均组间相关性。

下面是一些可以推导出基于相关的特征选择算法的启发式技术。

（1）组分与外部变量之间的相关性越高，则组合与外部变量之间的相关性就越高。

（2）组分之间的组间相关性越低，则组合与外部变量之间的相关性就越高。

（3）组合中组分的数量增多，则组合与外部变量之间的相关性也增加。

2.4.1 基于相关性的度量

主要有两种技术来度量两个随机变量之间的相关性：一种是基于线性相关；另一种则是基于信息理论[56]。在第一种技术下，线性相关系数是一个众所周知的度量。对于两个变量 X 和 Y 而言，线性相关系数如下：

$$r = \frac{\sum_i (x_i - \overline{x}_i)(y_i - \overline{y}_i)}{\sqrt{\sum_i (x_i - \overline{x}_i)^2}\sqrt{\sum_i (y_i - \overline{y}_i)^2}} \tag{2.11}$$

式中：$\overline{x}_i$ 为 X 的平均值；$\overline{y}_i$ 为 Y 的平均值。r 可以在 -1 和 1 之间取值。如果 X 和 Y 完全相关，则 r 可以取 1 或者 -1；如果 X 和 Y 是独立的，则 r 应为 0。

线性相关有助于识别冗余特征以及线性相关为零的特征，而在非线性相关的情况下，线性相关度量则无法识别冗余特征。

基于信息理论的另一种技术利用信息熵的概念。熵定义了一个随机变量的不确定性度量。在数学上，随机变量的熵 X 如下所示：

$$H(X) = -\sum P(x_i)\log_2(P(x_i)) \tag{2.12}$$

在 Y 已知条件下的 X 的熵为

$$H(X|y) = -\sum_j P(x_i)\sum_i P(x_i|y_j)\log_2(P(x_i|y_j)) \tag{2.13}$$

式中：$P(x_i)$ 为 X 的所有值的先验概率；$P(x_i|y_i)$ 为 Y 值给定条件下的 X 的所有值的先验概率。

变量 Y 之后，X 熵的减小量称为信息增益。其数学表示如下所示：

$$\mathrm{IG}(X|Y) = H(X) - H(X|Y) \tag{2.14}$$

现在，我们提出一些基于相关性的特征选择技术。

2.4.1.1 基于相关性的过滤法

基于相关的过滤法（Correlation-Based Filter Approach，FCBF）[56]使用对称不确定性（Symmetrical Uncertainty，SU）来评估特征子集的好坏。算法基于如下所示的定义和启发[58]。

定义 1（优势相关） 如果 $\mathrm{SU}_{i,c} \geqslant \partial (F_i \in S)$ 且 $\forall F_j \in S'(j \neq i)$，则特征 F_i（$F_i \in S$）和类别 C 之间的相关性处于优势地位，就不存在能使 $\mathrm{SU}_{j,i} \geqslant \mathrm{SU}_{i,c}$的 F_j。

定义 2（优势特征） 如果一个特征对于一个类别的相关性是优势的，或者在删除其冗余对等特征之后可以变成优势，则这个特征对这个类别就是优势的。

启发 1（如果 $S_{Pi}^{+}=\phi$） 将 F_i 当作优势特征进行处理，删除 S_{Pi} 中的所有特征，然后跳过识别它们的冗余对等特征的过程。

启发 2（如果 $S_{Pi}^{+}\neq\phi$） 在对 F_i 做决策之前，处理 S_{Pi}^{+} 中的所有特征。如果没有任何一个特征成为优势特征，则遵循启发 1；否则，仅删除 F_i，然后根据 S' 中的其他特征决定是否删除 S_{Pi}^{-} 中的特征。

启发 3（起始点） $S_{u_{i,c}}$ 值最大的特征始终都是优势特征，可以作为删除其他优势的起始点。

图 2.8 是基于相关的过滤法算法的伪代码。

算法包括两个部分。在第一个部分中，通过计算每个特征的 SU 值，根据预定阈值将相关特征排列到 S 列表之中，然后按照它们的 SU 值的降序排列。在第二个部分中，从 S 列表中删除冗余特征，只保留优势特征。继续算法，直至没有更多的特征可以删除。算法第一部分的复杂度为 N，而第二部分的复杂度为 $O(N \log N)$，因为就数据集中的实例数量 M 而言，一对特征的 SU 计算是线性的，所以基于相关的过滤法的总体复杂度为 $O(MN \log N)$。

```
Input：S(F1,F2,…,FN,C)            //一个训练数据集
δ                                 //一个预定义阈值
Output：Sbest                     //一个优化的子集
1) begin
2) for i =1 to N do begin
3) calculate SUi,c for Fi;
4) if (SUi,c ≥δ)
5) append Fi to S'list;
6) end;
7) order S'list in descending SUi,c value;
8) Fp =getNextElement(S'list);
9) do begin
10) Fq =getNextElement(S'list,Fq);
11) if(Fq < >NULL)
12) do begin
13) F'q =Fq;
14) if(SUp,q ≥SUq,c)
15)   remove Fq from S'list;
16) Fq =getNextElement(S'list,F'q);
17)   else Fq =getNextElement(S'list,Fq);
18)   end until (Fq ==NULL)
19) Fp =getNextElement(S'list,Fp);
20)   end until (Fp ==NULL)
21) Sbest =S'list;
22)   end;
```

图 2.8 基于相关的过滤法算法的伪代码

2.4.2 基于相关度的高效特征选择（ECMBF）

作者在参考文献［57］中提出了一种基于特征选择算法的有效相关性（连续和离散度量之间）。算法采用马尔可夫覆盖法（Markov Blanket）确定特征冗余度。使用连续和离散度量之间的相关性（Correlation Between Continuous and Discrete Measures，CMCD）进行特征选择。

算法以数据集、相关性阈值 α 和冗余阈值 β 作为输入。使用阈值 α 来确定特征相关性。如果特征和类别之间的相关性小于 α，则认为其相关性较低或者不相关，应当删除。如果两个随机特征之间的相关性大于 β，则说明其中一个是冗余特征，应当删除。在这种情况下，相关值较低的特征应被删除。

因为阈值的阈值有助于选择最优特征子集，所以应当谨慎选择这些值。对于基于相关度的高效特征选择的时间复杂性而言，主要包括两个方面。首先，计算任意两个特征之间的相关性的时间复杂度，度量为 $O(m(m-1))$。最坏情况下，所有特征的时间复杂度为 $O(nm^2)$。其次则是选择相关特征，时间复杂度为 $O(m\log_2 m)$。因此，基于相关度的高效特征选择的总时间复杂度为 $O(nm^2)$。图 2.9给出了这个算法的伪代码。

```
Input:F(X1,X2,L,Xm,C)          //一个训练数据集
α,β                            //相关性阈值和冗余阈值
Output: Subest                 //一个优化的子集
1) begin
2) for i =1 to m do begin
3) calculate sim(Xi,C) and sim(Xi,Xj);
4) order features in ascending sim(Xi,C)value, and append Xi to Srank-list;
5) find the greatest decent point as the relevant threshold α from Srank-list;
6) if(sim(Xi,C)≤α)
7) remove Xi from Srank-list, the new subset denote as S'rank-list =(X1,X2,...,Xk),for k<m;
8) end;
9) Xp =getNextElement(Subset = S'rank-list; -Xp);
10)   do begin
11) Xq =getNextElement(S'rank-list -Xp);
12) if(Xq < >NULL)
13)   do begin
14) X'q =Xq;
15) if(sim(Xp,Xq) >β)
16)   remove Xq from S'rank-list,
17) Xq =getNextElement(S'rank-list -X'q);
18)   else Xq =getNextElement(Srank-list -Xq);
19)   end until(Xq ==NULL)
20) Xp =getNextElement(S'rank-list -Xp);
21)   end until(Xp ==NULL)
22) Subset = S'rank-list;
23)   end;
```

图 2.9 基于相关度的高效特征选择算法的伪代码

2.5 基于互信息的特征选择

基于互信息的特征选择是另外一种常用的特征选择机制。文献中已经提出了使用这种技术的各种算法。相关性是度量两个变量之间的线性或者单调关系。MI是较为通用的形式，用来测量观察变量 Y 之后的变量 X 的不确定性降低程度。从数学上来说，即有

$$I(X;Y)=\sum_{x,y}P(x,y)\log\frac{P(x,y)}{P(x)P(y)} \tag{2.15}$$

式中：$P(x,y)$ 为 X 和 Y 的联合概率分布函数；$P(x)$ 和 $P(y)$ 是 X 与 Y 的边际概率分布函数。

互信息还可以使用熵进行定义。以下是MIX形式的一些数学定义：

$$I(X;Y)=H(X)-H(X\mid Y)$$
$$I(X;Y)=H(Y)-H(Y\mid X)$$
$$I(X;Y)=H(X)+H(Y)-H(X,Y)$$
$$I(X;Y)=H(X,Y)-H(X\mid Y)-H(Y\mid X)$$

式中：$H(X)$ 和 $H(Y)$ 是边际熵。在这里，我们介绍一些基于特征-特征互信息（Mutual Information，MI）的特征选择算法。

2.5.1 基于互信息的特征选择技术

基于互信息的特征选择技术（Mutual Information-Based Feature Selection Method，MIFS-ND）[58]同时考虑了MI以及特征-类别互信息。对于一个给定数据集MIFS-NS，首先计算特征-特征互信息，然后选择互信息值最高的特征，将其从原始集中移除并放入所选特征列表之中。从剩余的特征子集开始，计算每个所选特征的特征-类别以及平均特征-特征互信息测度。到这个时候，每一个所选的特征都具有平均特征-特征互信息测度，每一个未被选择的特征都具有特征-类别互信息。现在从这些值中选取-类别互信息最高的特征以及特征-特征互信息最小的特征。

算法用到了以下两个术语。

（1）支配数。支配数表示一个特征在特征-类别互信息中占据主导的特征数量。

（2）被支配数。被支配数表示一个特征在特征-特征互信息中占据主导的特征总数。

算法选择支配数和被支配数相差最大的特征。这样做是为了选择强相关性或者弱冗余的特征。MIFS-NS算法的复杂度取决于输入数据集的维数。对于维数为 d 的数据集，选择相关特征子集算法的计算复杂度为 $O(d^2)$。图2.10给出了所述算法的伪代码。

```
input:d,the number of features;dataset D;
F = {f1,f2,…,fd},the set of features
output: F',an optimal subset of features
Steps:
1) for i =1 to d,do
2) compute MI(fi,C)
3) end
4) select the features fi with maximum MI(fi,C)
5) F' =F'U {fi}
6) F =F - {fi}
7) count =1;
8) while count < =k do
9) for each feature fjεF, do
10)      FFMI =0;
11)      for each feature fjεF',do
12)      FFMI =FFMI + compute_FFMI(fi,fj)
13) end
14)      AFFMI =Average FFMI for feature fj.
15)      FCMI =compute_FCMI(fi,C)
16) end
17)      select the next feature fj that has maximum AFFMI but minimum FCMI
18)      F' =F'U{fi}
19)      F =F - {fj}
20)      i =j
21)      count =count +1;
22) end
23)      Return features set F'
```

图 2.10　基于互信息的特征选择技术算法的伪代码

算法主要使用了两个模块，计算特征-特征互信息的 Compute_FFMI 以及计算特征-类别互信息的 Compute_FCMI。因此，通过使用这两个模块，算法就可以选出相关度高、无冗余的特征。

2.5.2　多目标人工蜂群（Multi-objective Artificial Bee Colony, MOABC）技术

在参考文献［59］中，作者提出了一种基于联合互信息最大化（Joint Mutual Information Maximization, JMIM）和标准化联合互信息最大化（Normalizod Joint Mutual Information Maximization, NJMIM）的全新特征选择技术。联合互信息最大化技术使用联合互信息法和最小最大法选择相关性最强的特征。所提出的技术的目的在于克服在累积求和近似过程中出现的高估某些特征的重要性的问题。联合互信息最大化使用如下的正向贪婪搜索策略（图 2.11）寻找规模为 K 的特征子集。

1. (初始化)设置 $F \leftarrow$“n 个特征的初始集”;$S \leftarrow$“空集”。
2. (计算输出类别的互信息)对于 $\forall f_i \varepsilon F$,计算 $I(C:f_i)$。
3. (选择第一个特征)确定一个能使 $I(C:f_i)$ 最大化的特征 f_i;设置 $F \leftarrow F \setminus \{f_i\}$;设置 $S \leftarrow \{f_i\}$。
4. (贪婪选择)重复,直至 $|S| = k$;(选择下一个特征)选择特征。
   $f_i = \arg\max_{f_i \varepsilon F-S}(\min_{f_i \varepsilon S}(I(f_i . f_s : C)))$;设置 $F \leftarrow F \setminus \{f_i\}$;设置 $S \leftarrow SU\{f_i\}$。
5. (输出)输出含有所选特征的集合 S。

图 2.11　正向贪婪搜索

第二种技术，即标准化联合互信息最大化，旨在研究使用规范化互信息代替互信息的效果。它使用的目标函数与联合互信息最大化所用的目标函数类似，只是使用了对称的相关性来代替互信息。使用相同的贪婪搜索策略来搜索给定数据集的特征子集。

2.6 小　结

在本章中，我们对不同时期的文献所提出的各类特征选择技术进行了详细描述。在此基础上提出了一种完整的特征选择分类方法，并对所划分的各个类别的特征选择算法进行了说明。对于各类特征选择算法，我们尽量提供了伪代码，并给出详细描述。对基于转换和基于选择的技术都进行了讨论。这是第一部分的结束，在第一部分中，我们试图为特征选择提供一个坚实的基础，从基本概念到其在现实生活中的应用。在下一个部分中，我们将从粗糙集理论开始讨论。

参 考 文 献

1. Villars RL, Olofson CW, Eastwood M (2011) Big data: what it is and why you should care. IDC, White Paper, p 14
2. Asuncion A, Newman D (2007) UCI machine learning repository
3. Bellman R (1956) Dynamic programming and lagrange multipliers. Proc Natl Acad Sci 42 (10):767–769
4. Yan J et al (2006) Effective and efficient dimensionality reduction for large-scale and streaming data preprocessing. IEEE Trans Knowl Data Eng 18(3):320–333
5. Han Y et al Semisupervised feature selection via spline regression for video semantic recognition. IEEE Trans Neural Netw Learn Syst 26(2):252–264 (2015)
6. Boutsidis C et al. (2015) Randomized dimensionality reduction for k-means clustering. IEEE Trans Inf Theory 61(2):1045–1062
7. Cohen, MB et al (2015) Dimensionality reduction for k-means clustering and low rank approximation. In: Proceedings of the forty-seventh annual ACM on symposium on theory of computing. ACM
8. Bourgain J, Dirksen S, Nelson J (2015) Toward a unified theory of sparse dimensionality reduction in euclidean space. Geom Funct Anal 25(4):1009–1088
9. Radenović F, Jégou H, Chum O (2015) Multiple measurements and joint dimensionality reduction for large scale image search with short vectors. In: Proceedings of the 5th ACM on international conference on multimedia retrieval. ACM
10. Azar AT, Hassanien AE (2015) Dimensionality reduction of medical big data usin neural-fuzzy classifier. Soft Comput 19(4):1115–1127

11. Pawlak Z (1991) Rough sets: theoretical aspects about data. Springer, Cham
12. Qian Y et al (2015) Fuzzy-rough feature selection accelerator. Fuzzy Sets Syst 258:61–78
13. Tan A et al (2015) Matrix-based set approximations and reductions in covering decision information systems. Int J Approx Reason 59:68–80
14. Al Daoud E (2015) An efficient algorithm for finding a fuzzy rough set reduct using an improved harmony search. Int J Modern Educ Comput Sci 7(2):16
15. Candès EJ et al (2011) Robust principal component analysis? J ACM (JACM) 58(3), 11
16. Kao Y-H, Benjamin Van R (2013) Learning a factor model via regularized PCA. Mach Learn 91(3):279–303
17. Varshney KR, Willsky AS (2011) Linear dimensionality reduction for margin-based classification: high-dimensional data and sensor networks. IEEE Trans Signal Process 59 (6):2496–2512
18. Van Der Maaten L, Postma E, Van den Herik J (2009) Dimensionality reduction: a comparative. J Mach Learn Res 10:66–71
19. Jensen R (2005) Combining rough and fuzzy sets for feature selection. Dissertation University of Edinburgh
20. Cunningham P (2008) Dimension reduction. In: Machine learning techniques for multimedia, pp 91–112. Springer, Berlin
21. Friedman JH, Stuetzle W (1981) Projection pursuit regression. J Am Stat Assoc 76(376):817–823
22. Borg I, Patrick JF (2005) Modern multidimensional scaling: theory and applications. Springer Science & Business Media, New York
23. Dalgaard, Peter. Introductory statistics with R. Springer Science & Business Media, 2008
24. Gisbrecht A, Schulz A, Hammer B (2015) Parametric nonlinear dimensionality reduction using kernel t-SNE. Neurocomputing 147:71–82
25. Gottlieb L-A, Krauthgamer R (2015) A nonlinear approach to dimension reduction. Discrete Comput Geometry 54(2):291–315
26. Gisbrecht A, Hammer B (2015) Data visualization by nonlinear dimensionality reduction. Wiley Interdiscip Rev Data Mining Knowl Discov 5(2):51–73
27. Zeng X, Luo S (2008) Generalized locally linear embedding based on local reconstruction similarity. In: 2008 Fifth international conference on fuzzy systems and knowledge discovery, FSKD'08, vol 5. IEEE
28. Saul LK et al (2006) Spectral methods for dimensionality reduction. Semisupervised Learn 293–308
29. Liu R et al (2008) Semi-supervised learning by locally linear embedding in kernel space. In: 2008 19th international conference on pattern recognition, ICPR 2008. IEEE
30. Gerber S, Tasdizen T, Whitaker R (2007) Robust non-linear dimensionality reduction using successive 1-dimensional Laplacian eigenmaps. In: Proceedings of the 24th international conference on machine learning. ACM
31. Teng L et al (2005) Dimension reduction of microarray data based on local tangent space alignment. In: 2005 fourth IEEE conference on cognitive informatics (ICCI 2005). IEEE
32. Dimensionality reduction methods for molecular motion. http://archive.cnx.org/contents/02ff5dd2-fe30-4bf5-8e2a-83b5c3dc0333@10/dimensionality-reduction-methods-for-molecular-motion. Accessed 30 March 2017
33. Balasubramanian M, Schwartz EL (2002) The isomap algorithm and topological stability. Science 295(5552):7–7
34. Faraway JJ (2005) Extending the linear model with r (texts in statistical science)
35. Jensen R, Shen Q (2008) Computational intelligence and feature selection: rough and fuzzy approaches, vol 8. Wiley
36. Cunningham P (2008) Dimension reduction: machine learning techniques for multimedia, pp 91–112. Springer, Berlin
37. Tang B, Kay S, He H (2016) Toward optimal feature selection in naive Bayes for text categorization. IEEE Trans Knowl Data Eng 28(9):2508–2521
38. Jiang F, Sui Y, Zhou L (2015) A relative decision entropy-based feature selection approach. Pattern Recogn 48(7):2151–2163
39. Singh DA et al (2016) Feature selection using rough set for improving the performance of the supervised learner. Int J Adv Sci Technol 87:1–8

40. Xu J et al (2013) L_1 graph based on sparse coding for feature selection. In: International symposium on neural networks. Springer, Berlin
41. Almuallim H, Dietterich TG (1991) Learning with many irrelevant features. In: AAAI, vol 91
42. Kira K, Rendell LA (1992) The feature selection problem: traditional methods and a new algorithm. In: AAAI, vol 2
43. Raman B, Ioerger TR (2002) Instance-based filter for feature selection. J Mach Learn Res 1 (3):1–23
44. Liu H, Motoda H (2007) (eds) Computational methods of feature selection. CRC Press
45. Du L, Shen Y-D (2015) Unsupervised feature selection with adaptive structure learning. In: 2015 Proceedings of the 21th ACM SIGKDD international conference on knowledge discovery and data mining. ACM
46. Li J et al (2015) Unsupervised streaming feature selection in social media. In: Proceedings of the 24th ACM international on conference on information and knowledge management. ACM
47. Singh DA, Balamurugan SA, Leavline EJ (2015) An unsupervised feature selection algorithm with feature ranking for maximizing performance of the classifiers. Int J Autom Comput 12 (5):511–517
48. He X, Cai D, Niyogi P (2005) Laplacian score for feature selection. In: NIPS, vol 186
49. Devaney M, Ram A (1997) Efficient feature selection in conceptual clustering. In: ICML, vol 97
50. Gluck M (1985) Information, uncertainty and the utility of categories. In: Proceedings of the seventh annual conference on cognitive science society. Lawrence Erlbaum
51. Yang J, Hua X, Jia P (2013) Effective search for genetic-based machine learning systems via estimation of distribution algorithms and embedded feature reduction techniques. Neurocomputing 113:105–121
52. Imani MB, Keyvanpour MR, Azmi R (2013) A novel embedded feature selection method: a comparative study in the application of text categorization. Appl Artif Intell 27(5):408–427
53. Viola M et al (2015) A generalized eigenvalues classifier with embedded feature selection. Optim Lett 1–13
54. Xiao Z et al (2008) ESFS: a new embedded feature selection method based on SFS. Rapports de recherché
55. Hall MA (2000) Correlation-based feature selection of discrete and numeric class machine learning
56. Yu L, Liu H (2003) Feature selection for high-dimensional data: a fast correlation-based filter solution. In: ICML, vol 3
57. Jiang S-y, Wang L-x (2016) Efficient feature selection based on correlation measure between continuous and discrete features. Inf Process Lett 116(2):203–215
58. Hoque N, Bhattacharyya DK, Kalita JK (2014) MIFS-ND: a mutual information-based feature selection method. Expert Syst Appl 41(14):6371–6385
59. Hancer E et al (2015) A multi-objective artificial bee colony approach to feature selection using fuzzy mutual information. In: 2015 IEEE congress on evolutionary computation (CEC). IEEE

第 3 章　粗糙集理论

本章对粗糙集理论的一些基础知识进行了讨论。自诞生以来，粗糙集理论就因其友好的特性而成为数据分析的重要工具。粗糙集理论提供了一系列数据结构以表示真实数据，如信息系统、决策系统和近似。此外，它还提供了各种不同的技术以帮助分析这些数据。本章通过实例对粗糙集理论的基本概念进行讨论，从而为运用粗糙集理论进行特征选择奠定坚实的基础。

3.1　经典集合理论

经典集合理论作为一个数学分支，可以用来处理称为集合的对象集。这些对象称为这个集合的成员。粗糙集理论可以说是经典集合理论的延伸。经典集合理论的主要问题在于，它在本质上是确定的，因此无法对全域的模糊性进行建模，而这正是粗糙集理论发挥作用的地方。在讨论粗糙集理论之前，我们将在这里对一些经典集合理论的基础知识进行讨论。

3.1.1　集合

集合是指不同对象的准确定义组合。“准确定义”是指我们可以清楚地区分一个对象是否属于一个集合。例如，一组 10 ~ 100 的偶数就是一个集合，因为每一个数都可以精确地推断出是否属于这个集合。相反，“一群聪明的人”就不是一个集合，因为没有具体的规则来规定一个人是否聪明。“不同”是指一个对象在一个集合中只出现一次，无法重复。

集合的一些实例如下所示：

（1）货物运输介质集。

（2）产卵动物集。

（3）纽约学校集。

（4）第 2 章得分高于 85% 的学生集。

如果你注意，则可以发现任何对象都能清楚地定义为是否属于这些集合。同样，这些集合的成员都是不同的，也不会重复。

3.1.2　子集

如果 A 中的每一个成员也都在 B 中，则集合 A 就是集合 B 的子集。从数学上表示即为 $A \subseteq B$，这里的符号“ $\subseteq$ ”表示子集。我们将在后续章节中对所用的所有符号进行详细说明。

实例：

考虑以下三个集合：

$A=\{2,4,6,8,10\}$，$B=\{1,2,4\}$，$C=\{6,8,10\}$。

在这里：

（1）$C \subseteq A$，也就是 C 是 A 的子集，因为 C 的所有成员都在 A 中；

（2）$B \not\subseteq A$，也就是 B 不是 A 的子集，因为 B 的所有成员并未都在 A 中；

（3）$A \subseteq A$、$B \subseteq B$ 且 $C \subseteq C$，也就是这个集合也是其自身的子集，因为集合的所有成员都在其中。

3.1.3 幂集

对于集合 A 来说，存在一个集合，而这个集合的元素都是 A 的子集。在这里，幂子集的元素不是单个对象，而是子集。

实例：

考虑集合 $A=\{1,2,3\}$。

$P(A)=\{\{\}\{1\}\{2\}\{3\}\{1,2\}\{1,3\}\{2,3\}\{1,2,3\}\}$

$P(A)$ 包括的所有子集都可以由 A 的所有元素的不同排列而形成。

3.1.4 算子

集合的不同操作有不同的算子。我们在这里只讨论一些基本的算子。

3.1.4.1 交集

有时候，我们需要求所有集合中的共有元素。交集算子就是为这个目的而设计的。按照定义，两个集合 A 和 B 的交集就是另外一个集合 C，而这个集合则包含了 A 和 B 中所有的共有元素。交集使用符号 $\cap$ 进行表示。从数学上表示即有 $A \cap C=\{x \mid (x \in A)且(x \in B)\}$。

实例：

$A=\{1,2,3,4,5,6\}$

$B=\{4,5,6,7,8,9\}$

$C=\{0,1,2,3\}$

（1）$A \cap B=\{4,5,6\}$

（2）$A \cap C=\{1,2,3\}$

（3）$B \cap C=\varnothing$

注意：符号“$\varnothing$”表示空集。

3.1.4.2 并集

两个集合 A 和 B 的并集是另外一个集合 C，这个集合包含了 A 和 B 中的所有元素。如果一个元素同时在 A 和 B 两个集合中都出现了，则只取一次。并集使用符号∪表示。从数学上表示即有 $C=A\cup B=\{x \mid x\in A$ 或者 $x\in B\}$，也就是说，如果一个元素要属于 A 和 B 的并集，则它要么是 A 的成员，要么是 B 的成员，即

$A=\{1,2,3,4,5,6\}$

$B=\{4,5,6,7,8,9\}$

$C=\{0,1,2,3\}$

则

(1) $A\cup B=\{1,2,3,4,5,6,7,8,9\}$

(2) $A\cup C=\{0,1,2,3,4,5,6\}$

(3) $B\cup C=\{0,1,2,3,4,5,6,7,8,9\}$

注意：“4，5，6”同时在集合 A 和 B 中都出现了，但是在 $A\cup B$ 中，它们只写一次。

3.1.4.3 补集

集合 A 在集合 B 中的补集是集合 C，这个集合包含了在 A 中而不在 B 中的元素，用 $A-B$ 或者 $A\backslash B$ 表示。一般来说，我们认为所有集合都是全集 U 的子集。因此，$U-A$ 就是 A 的绝对补集，即

$A=\{2,3,4\}$

$B=\{0,1,2,3\}$

(1) $A-B=\{4\}$

(2) $B-A=\{0,1\}$

3.1.4.4 基数

一个集合的基数是指这个集合中存在的对象的总数，如用符号表示集合 A 的基数就将其记为 $|A|$ 。考虑以下集合：

$A=\{2,4,6,8,10\}$

$B=\{1,3,5\}$

$|A|=5$

$|B|=3$

3.1.5 集合理论的数学符号

参考文献［1］给出了集合理论中所用的符号列表，如表 3.1 所列。记住这些符号是很有帮助的，因为它们在粗糙集理论中也会用到。

表 3.1 数学符号以及它们的含义[1]

符号	描述	符号	描述
$\{\}$	集	$A\times B$	笛卡儿积
$A\cap B$	交集	$\|A\|$	基数
$A\cup B$	并集	$\#A$	基数

续表

符　号	描　述	符　号	描　述
$A \subseteq B$	子集	$\aleph_0$	阿列夫零
$A \subset B$	真子集/严格子集	$\aleph_1$	阿列夫一
$A \not\subset B$	非子集	$\varnothing$	空集
$A \supseteq B$	超集	U	全集
$A \supset B$	真超集/严格超集	$\mathbf{N}_0$	自然数/整个数集（含零）
$A \not\supset B$	非超集	$\mathbf{N}_1$	自然数/整个数集（不含零）
$2A$	幂集	$\mathbf{Z}$	整数集
A	幂集	$\mathbf{Q}$	有理数集
$A = B$	等式	$\mathbf{R}$	实数集
A^c	补集	$\mathbf{C}$	复数集
$A \setminus B$	相对补集	$a \in A$	……的元素
$A - B$	相对补集	$x \notin A$	非……的元素
$A \Delta B$	对称差分	(a, b)	序列数对
$A \oplus B$	对称差分		

3.2　知识表达和模糊

知识是对对象进行分类的能力。这里的对象只是指其经典定义：“对象是现实世界中具有某些性质的实体的抽象或者实现。”这里的性质是以“属性”的形式表示的。我们已经在第1章中对属性进行了详细讨论。

这些对象的集合称为全域，它们构成的集合称为论域，如一组学生、一组药品以及一组支撑物等。简单来说，对象分类是指从所考虑的概念中，找到具有共同价值的对象的论域子集，如从一组具有不同果实的对象中，对属于同一季节或者具有相同颜色的对象进行分类。最清晰且明确的分类是一个对象属于单一概念下的单一分类。例如，考虑如表3.2所列对象。

表3.2　人物集

人　物	名　称	状　态
x_1	约翰	学生
x_2	伊丽莎白	教员
x_3	大卫	教员
x_4	尤思拉	学生
x_5	皮特	学生
x_6	艾莉亚	教员
x_7	尼克森	学生

现在，如果我们将上述论域按照“状态”分类，则可以得到如下所示的两个明确分类（图3.1）。

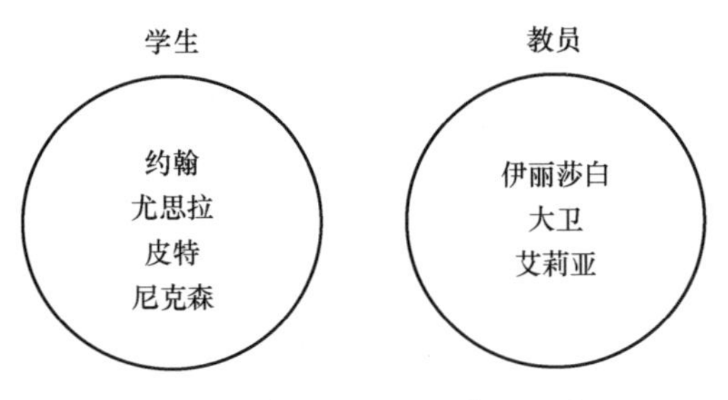

图3.1　表3.2给定对象的分类

但是，如果大卫也是一名选修了专业课的学生，又会变得怎么样？他是属于“学生”类别还是“教员”类别？这个例子也说明了我们在现实世界中会遇到的模糊性问题。不幸的是，经典集合理论不能表现这种模糊性。它本质上是具体的，一个对象要么属于一个集合，要么就不属于一个集合；因此，使用这种方式表示信息，会造成大部分信息都被丢失了。例如，考虑集合：

$A=\{$CGPA$\geqslant 3.5$ 的学生$\}=\{$约翰，皮特，伊丽莎白$\}$

根据经典集合理论，“约翰”和“皮特”的能力是相同的（就成绩而言）；但问题在于“皮特”的得分要比“约翰”的得分高很多，但却不能在这里被表示出现。因此，提出了经典集合理论的一些扩展，包括粗糙集理论、模糊集理论，以及其与粗糙集理论的混合，即模糊粗糙集理论。对模糊集理论的完整描述不在本书的讨论范围之内，但我们将在下一章中对模糊集理论做一些介绍，以讨论模糊粗糙集理论。

3.3　粗糙集理论

粗糙集理论（RST）自 Zidslaw Pawlak[2] 提出以来，它在过去10年间已经成为人们关注的热点，并已被研究者们成功地应用于许多领域。正如上面所讨论的那样，经典集在本质上是具体的，所以不能模拟现实世界的模糊性。粗糙集理论通过集合近似（稍后讨论）的概念解决了这个问题。粗糙集理论是数据结构和工具/技术的组合，从而使其变得分析友好。在本节，我们将对粗糙集理论的一些基本知识进行讨论。

3.3.1　信息系统

信息系统（Information System，IS）就是一个由对象及其属性组成的二维表或者视图[2]。信息系统可由一对（U,A）[2]定义，如下所示：

$$\mathrm{IS}=(U,A)$$

式中：U 为对象的有限非空集合；A 为对象的属性。

每个属性 $a \in A$ 都有一个可用 V_a 表示的值，属性的值域都包含这个属性的所有可能值，即

$$a : U \to V_a$$

表 3.3 是一个 $\text{IS} = (U, A)$ 信息系统，其中

$$U = \{x_1, x_2, x_3, x_4, x_5, x_6, x_7\}$$

$$A = \{\text{年龄，收入}\}$$

表 3.3　信息系统

顾　　客	年龄/岁	收入/美元
x_1	35 ~ 40	30000 ~ 40000
x_2	35 ~ 40	30000 ~ 40000
x_3	40 ~ 45	50000 ~ 60000
x_4	25 ~ 35	20000 ~ 30000
x_5	40 ~ 45	50000 ~ 60000
x_6	25 ~ 35	20000 ~ 30000
x_7	25 ~ 35	20000 ~ 30000

3.3.2　决策系统

决策系统[2]是具有决策属性的信息系统的一种特殊形式，又称为对象类别。每个对象都属于一个特定的类别。类别的值取决于条件属性。从形式上来说，即

$$\alpha = (U, C \cup \{D\})$$

式中：C 为条件属性集；D 为决策属性（或者决策类别）。

表 3.4 给出了一个以政策为决策属性的决策系统。

表 3.4　决策系统

顾　　客	年龄/岁	收入/美元	政策
x_1	35 ~ 40	30000 ~ 40000	白金
x_2	35 ~ 40	30000 ~ 40000	白金
x_3	40 ~ 45	50000 ~ 60000	金
x_4	25 ~ 35	20000 ~ 30000	银
x_5	40 ~ 45	50000 ~ 60000	金
x_6	25 ~ 35	20000 ~ 30000	银
x_7	25 ~ 35	20000 ~ 30000	金

3.3.3 不可分辨性

一个决策系统代表了关于这个模型的所有知识。从两个方面来说，这个表没必要过大：可能有相同或者不可分辨的对象多次出现，也可能有多余的属性。首先回顾等价的概念。如果一个二元关系 R 是等价关系（也称不可分辨关系），应满足：

（1）自反的，所有对象与自身构成 R 上的关系为 xRx；

（2）对称的，若 xRy，则 yRx；

（3）传递的，若 xRy 和 yRz，则 xRz。

一个元素的等价类由所有与该元素等价的对象组成。

假设 $A=(U,C\cup\{D\})$ 为一个决策系统，则不可分辨性定义了 A 中的对象之间的等价关系。对于 A 中的任何 $c\in C$，均存在一个不可分辨性关系 $\mathrm{IND}_A(C)$：

$$\mathrm{IND}_A(C)=\{(O_1,O_2)\in U^2\mid\forall c\in C,c(O_1)=c(O_2)\}\tag{3.1}$$

$\mathrm{IND}_A(C)$（也可以使用 $[x]_C$ 表示）又称为“C-不可分辨性”关系。如果两个对象 $(O_1,O_2)\in\mathrm{IND}_A(C)$，则这些对象对 C 来说是不可分辨或者不能区分的。例如表 3.3，对象 x_1 和 x_2 对于属性“年龄”来说是不可分辨的。类似可得，对象 x_3 和 x_5 对于属性“收入”来说是不可分辨的。如果我们确定哪个信息系统意味着什么，则通常可以省略下标。在表 3.3 中，可得

$$\mathrm{IND}\{[\text{年龄}]\}=\{\{x_1,x_2\}\{x_3,x_5\}\{x_4,x_6,x_7\}\}$$

$$\mathrm{IND}\{[\text{收入}]\}=\{\{x_1,x_2\}\{x_3,x_5\}\{x_4,x_6,x_7\}\}$$

3.3.4 近似

大多数集合不能被明确地识别，所以我们使用近似。对于一个 $B\subseteq A$ 的信息系统来说，我们可以利用 B 中包含的信息对决策类别 X 进行近似。上、下近似的定义分别如下所示[2]：

$$\underline{B}X=\{x\mid[x]_B\subseteq X\}\tag{3.2}$$

$$\overline{B}X=\{x\mid[x]_B\cap X\neq\phi\}\tag{3.3}$$

对于 B 中的信息而言，下近似定义了绝对属于 X 的对象。相反，上近似包含了与 B 有关且可能是属于 X 的对象。边界域定义了上、下近似之间的区域，即

$$BN_B(X)=\overline{B}X-\underline{B}X\tag{3.4}$$

利用表 3.4 所列的决策系统，可以将情况概括为图 3.2。“政策”的下边界定义了所有肯定属于“政策 = 金”类别的等价类。上边界近似定义了可能属于“政策 = 金”类别，即

$$\underline{B}\,\text{政策}=\{\{x_3,x_5\}\}$$

$$\overline{B}\,\text{政策}=\{\{x_3,x_5\}\{x_4,x_6,x_7\}\}$$

边界区域是 $\overline{B}$ 政策 $-\underline{B}$ 政策 $=\{X_4,X_6,X_7\}$。因为它是非空的，所以这个集合是粗糙集。

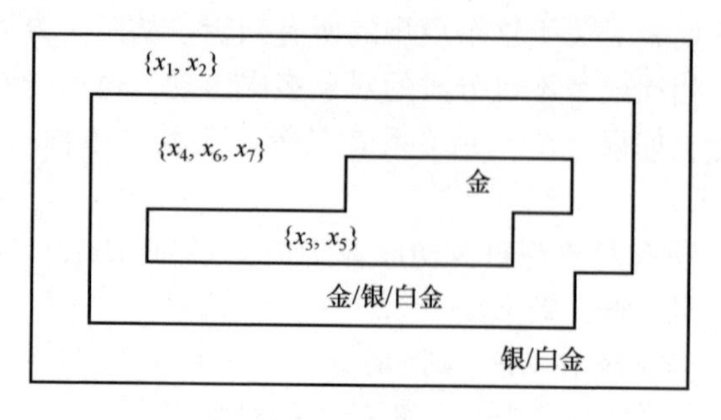

图 3.2　近似图

3.3.5　正域

下近似又称为正域。令 P 和 Q 在 U 上是等价关系，则正域可以定义如下：

$$\mathrm{POS}_P(Q)=\bigcup_{X\in U/D}\underline{P}(X) \tag{3.5}$$

式中：P 是条件属性集合；Q 是决策类别。正域是 $[X]_P$ 中所有等价类的并集，而 $[X]_P$ 又是目标集合的子集（或者被包含在其中）。

例如表 3.4，我们可以计算"政策 = 金"集的正域，如下所示。

首先，我们计算 $[X]_P$，其中

$$P_1=\{x_1,x_2\}$$

$$P_2=\{x_3,x_5\}$$

$$P_3=\{x_4,x_6,x_7\}$$

现在，我们计算 $[X]_Q$，其中 Q 表示概念"政策 = 金"。由此可得

$$Q=\{x_3,x_5,x_7\}$$

这意味着，我们不能根据 Q 中包含的信息来区分 x_3、x_5 和 x_7。在这里，对于概念"政策 = 金"来说，只有 P_2 类别属于 Q。因此，Q 的正域为

$$\mathrm{POS}_P(Q)=\{x_3,x_5\}$$

3.3.6　差别矩阵

设差别矩阵 $\boldsymbol{M}$ 的任一元素为 m_{ij}，每一个元素都定义了一组属性。其中对象 $x_i,x_j\in U$ 彼此不同。对于一个信息系统 $A=(U,C\cup\{D\})$ 而言，差别矩阵是一个 $n\times n$ 矩阵，其中元素 m_{ij} 如下所示：

$$m_{ij}=\{a\in A\mid a(x_i)\neq a(x_j)\},i,j=1,2,\cdots,n \tag{3.6}$$

差别矩阵也是一个求取"约简"的工具。约简是一种特征子集，通过该特征子集所获得的划分与全域的划分相同。我们将在后续章节中对约简进行深入讨论。我们现在用一个实例对差别矩阵进行解释，例如表 3.5 中给出的决策系统，

如下所示。

这个表的差别矩阵如表3.6所列。

表3.5 决策系统实例

	T	I	P	L	d
x_1	1	1	1	2	1
x_2	1	0	1	0	0
x_3	2	0	1	1	0
x_4	1	2	1	0	1
x_5	1	1	1	0	0
x_6	1	2	1	2	1
x_7	1	2	0	1	1
x_8	2	0	0	2	0

表3.6 差别矩阵

	x_1	x_2	x_3	x_4	x_5	x_6	x_7	x_8
x_1	∅							
x_2	(I∨L)	∅						
x_3	(T∨I∨L)	(T∨L)	∅					
x_4	(T∨I∨L)	(T∨I)	(T∨I∨L)	∅				
x_5	(T∨L)	(T∨L)	(T∨I∨L)	(I)	∅			
x_6	(T∨I)	(T∨I∨L)	(T∨I∨L)	(L)	(I∨L)	∅		
x_7	(I∨P∨L)	(I∨P∨L)	(T∨I∨P)	(T∨P∨L)	(T∨I∨P∨L)	(T∨P∨L)	∅	
x_8	(T∨I∨P)	(T∨P∨L)	(P∨L)	(T∨I∨P∨L)	(T∨I∨P∨L)	(T∨I∨P)	(T∨I∨L)	∅

考虑条目 m_{31}（只保留最左边的列和最上面的行，因为它们仅用于标题用途），也就是对象 x_3 和 x_1 的交叉点位置，这个值是（T∨I∨L）；这表明对象 x_1 和 x_3 对于属性T、I、L来说是可分辨的。注意：对角线是空的，否则，就会重复条目。

3.3.7 差别函数

信息系统 A 的差别函数 f_A 是布尔函数，如下所示：

$$f_A = \cap \{ \cup c_{ij} \mid c_{ij} \neq \phi \} \tag{3.7}$$

差别矩阵与差别函数相结合，可以帮助我们定义约简和规则提取。我们将在下一节中看到规则提取的示例。例如上表给出的信息系统，这个系统的差别函数可以定义如下：

$f_A(\mathrm{T,I,P,L}) = (\mathrm{I \vee L})(\mathrm{T \vee I \vee L})(\mathrm{T \vee I \vee L})(\mathrm{T \vee L})(\mathrm{T \vee I})(\mathrm{I \vee P \vee L})(\mathrm{T \vee I \vee P})$
$(\mathrm{T \vee L})(\mathrm{T \vee I})(\mathrm{T \vee I})(\mathrm{T \vee I \vee L})(\mathrm{I \vee P \vee L})(\mathrm{T \vee P \vee L})$
$(\mathrm{T \vee I \vee L})(\mathrm{T \vee I \vee L})(\mathrm{T \vee I \vee L})(\mathrm{T \vee I \vee P})(\mathrm{P \vee L})$
$(\mathrm{I})(\mathrm{L})(\mathrm{T \vee P \vee L})(\mathrm{T \vee I \vee P \vee L})$
$(\mathrm{I \vee L})(\mathrm{T \vee I \vee P \vee L})(\mathrm{T \vee I \vee P \vee L})$
$(\mathrm{T \vee P \vee L})(\mathrm{T \vee I \vee P})$
$(\mathrm{T \vee I \vee L})$

在求解之后，函数简化成 IL（也就是 I∩L）。差别函数与差别矩阵之间存在一定的关系，差别函数中的每一行都对应着差别矩阵中的一列。差别函数中的元素将某个对象与其他对象区分开，例如，倒数第二行表示对象 x_7 与 x_8 在属性 T、I 和 L 方面存在不同。基于差别矩阵中列 K 的差别函数被称为 K-差别函数，从而可以识别出将 X_k 与其他对象区分开所需的最小约简集。

3.3.8 决策相关差别矩阵

决策相关差别矩阵是差别矩阵 $\boldsymbol{M}^d(A) = c_{ij}^d$ 的一种特殊形式，假设 $c_{ij}^d = \varnothing$，$d(x_i) = d(x_j)$ 且 $c_{ij}^d = c_{ij}$。就像使用差别矩阵构造差别函数一样，我们也可以类似地使用差别矩阵来构造决策相关差别函数。这个函数的简化结果就是 A 的所有相对约简的集合。

现在，用一个例子来解释这一点。仍以表 3.5 中给出的相同信息系统为例，但是，我们已经根据决策类别对行的顺序进行了重新排列，得到的差别矩阵如表 3.8 所示。这是一个对角线为空的对称矩阵。类似可得，所有决策相同的元素也都是空集。

表 3.8 是表 3.7 所列决策系统的决策相关差别矩阵。

表 3.7　根据决策属性重新排列表 3.6 所列的决策系统

	T	I	P	L	d
x_1	1	1	1	2	1
x_2	1	2	1	0	1
x_3	1	2	1	2	1
x_4	1	2	0	1	1
x_5	1	0	1	0	0
x_6	2	0	1	1	0
x_7	1	1	1	0	0
x_8	2	0	0	2	0

表 3.8　决策相关差别矩阵

	x_1	x_2	x_3	x_4	x_5	x_6	x_7	x_8
x_1	∅							
x_2	∅	∅						
x_3	∅	∅	∅					
x_4	∅	∅	∅	∅				
x_5	I,L	T,I	T,I,L	I,P,L	∅			
x_6	T,I,L	T,I,L	T,I,L	T,I,P	∅	∅		
x_7	T,L	I	I,L	T,I,P,L	∅	∅	∅	
x_8	T,I,P	T,I,P,L	T,I,P	T,I,L	∅	∅	∅	∅

根据决策相关差别矩阵的定义，考虑可以让我们得到差别函数以区分某个对象与其他对象。例如，x_1 的列，它给出的差别函数就可以让我们用来区分对象 x_1 和其他对象。图 3.3～图 3.6（选自于参考文献［3］）展示了四种不同类型的不可分辨性。

图 3.3 说明了与特定概念和决策属性均无关的不可分辨性关系。在一定程度上，这些约简就是区分所有情况的最小子集。

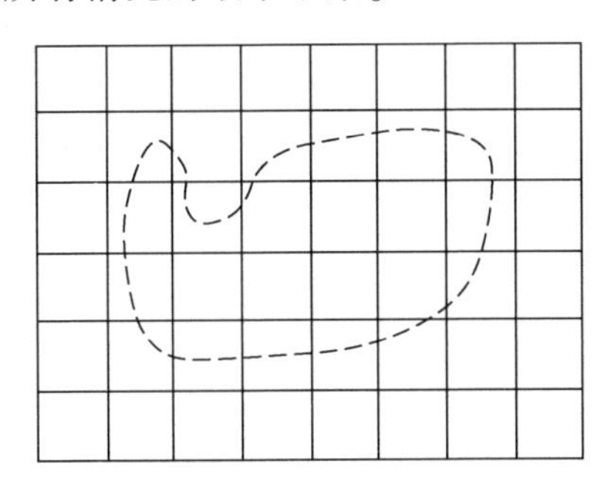

图 3.3　不可分辨性关系与特定概念和决策属性无关

图 3.4 说明了与决策属性相关但与特定情况无关的不可分辨性关系。这些约简就是属性的最小集合，它提供的分类与通过整个条件属性集得到的分类相同。

图 3.5 说明了与某情况或者对象 X 相关但与决策属性无关的不可分辨性关系。这种类型的约简就是可以区分对象 X 和其他对象属性的最小子集，其程度与条件属性全集相同。

图 3.6 说明了同时与某情况和决策属性都相关的不可分辨性关系。约简结果可以根据该情况和条件属性全集来决定。

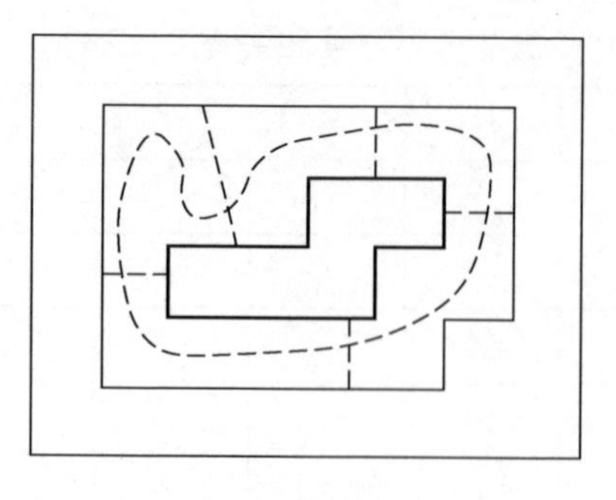

图 3.4　不可分辨性关系与决策属性相关但与特定情况无关

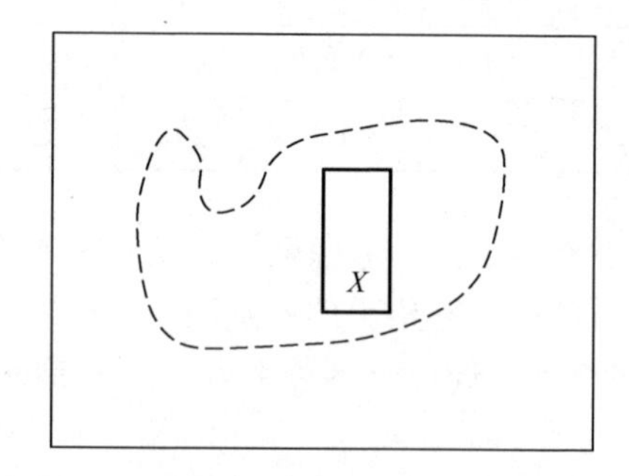

图 3.5　不可分辨性关系与某情况或者对象 X 相关但与决策属性无关

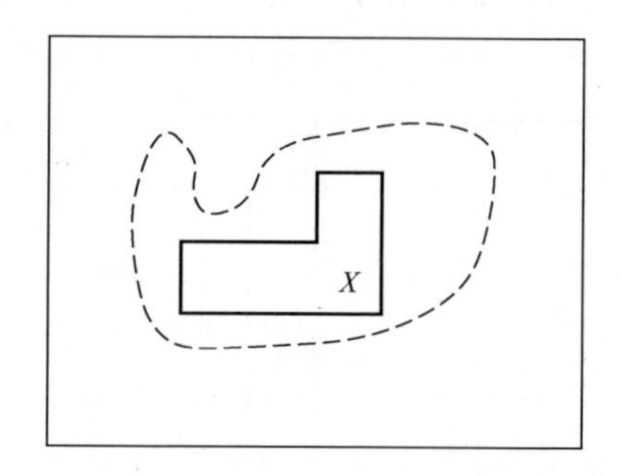

图 3.6　不可分辨性关系同时与情况和决策属性都相关

3.3.9　相关性

相关性定义了一个属性的值如何唯一决定其他属性的值。属性 D 依赖于其他属性 C 的程度 k，可由下式计算得出：

$$k = \gamma(C,D) = \frac{|\mathrm{POS}_C(D)|}{|U|} \tag{3.8}$$

其中

$$\mathrm{POS}_C(D) = \bigcup_{X \in U/D} \underline{C}(X) \tag{3.9}$$

称为“U/D”关于“C”的正域，已在 3.1.5 节中进行过讨论。k 称为相关程度，

它确定了被 D 划分的正区域所包含的元素比例，也就是 U/D。如果 $k=1$，则 D 完全取决于 C；对 $0<k<1$，D 部分取决于 C；如果 $k=0$，则 D 不取决于 C。很明显，如果 $k=1$，也就是 D 完全取决于 C，则有 $\mathrm{IND}(C)\subseteq\mathrm{IND}(D)$；简而言之，就是 U/C 要比 U/D 更细小。

最后，相关性可以按照下式计算得出：

$$k = \gamma(C,D) = \frac{|\mathrm{POS}_C(D)|}{|U|} \tag{3.10}$$

采用正域计算相关性需要以下三个步骤：

（1）使用决策属性构建等价类结构。

（2）使用当前属性集构建等价类结构。

（3）计算正域。

在这里，我们提供每一个步骤的详细说明。例如表 3.9 给出的决策系统 DS = {{状态，资质}} ∪ {{工作}}。

表 3.9　决策系统实例

U	状　态	资　质	工　作
x_1	S1	博士	是
x_2	S1	文凭	否
x_3	S2	硕士	否
x_4	S2	硕士	是
x_5	S3	学士	否
x_6	S3	学士	是
x_7	S3	学士	否

我们现在使用基于正域的方法计算 $k=\gamma$({状态，资质}，工作)。

步骤 1：

第一步是计算关于决策属性（在我们的例子中是“工作”）的所有等价类。

等价类结构确定了所有不可分辨的对象，也就是根据给定属性无法进行区分的对象。在示例中，我们得到了如下所示的两个等价类：

$$Q_1 = \{x_1, x_4, x_6\}$$

$$Q_2 = \{x_2, x_3, x_5, x_7\}$$

注意：如果考虑“工作”的值为“是”，则我们就无法区分 x_1、x_4 和 x_6。

步骤 2：

在计算关于决策属性的等价类之后，下一步就是计算条件属性的等价类（在我们所举的实例中，就是{状态，资质}）。计算关于条件属性的等价类要求对每个对象的每个属性的值进行比较，以确定无法区分的对象。在我们的实例中，等价类如下：

$$P_1 = \{x_1\}$$
$$P_2 = \{x_2\}$$
$$P_3 = \{x_3, x_4\}$$
$$P_4 = \{x_5, x_6, x_7\}$$

步骤3：

正域将确定包含了步骤2中的哪些等价类，或者步骤1中确定的等价类的子集。首先，我们需要确定 $P_1 \sim P_4$ 中的哪些是 Q_1 的子集；然后，我们需要确定 $P_1 \sim P_4$ 中的哪些是 Q_2 的子集。这个过程将使用步骤2中的所有类别，由此我们可以确定属于步骤1中的等价类的子集的所有类别。

由此可得

$$P_1 \subseteq Q_1$$
$$P_2 \subseteq Q_2$$

P_1、P_2、P_3 和 P_4 中没有其他类别是 Q_1 或者 Q_2 的子集。因此，相关性为

$$k = \gamma(C, D) = \frac{|\mathrm{POS}_C(D)|}{|U|} = \frac{|P_1| + |P_2|}{|U|}$$

$$k = \gamma(\{状态,资质\},工作) = \frac{2}{7}$$

对于具有大量属性和实例的数据集，这个过程会花费相当多的时间。因此，这就使得在针对这些数据集的特征选择算法中，使用基于正域的相关性方法是一个糟糕的选择。

3.3.10 约简和核

降维的一种技术是只保留那些保持不可分辨关系的属性，如分类精度。使用选定的属性集得到的等价类集，与使用整个属性集获得的等价类集相同。其余的属性是冗余的，可以在不影响分类精度的情况下简化。通常来说，这种属性有多个子集，称为约简。从数学上讲，约简可以使用相关性进行定义，如下所示：

$$\gamma(C, D) = \gamma(C', D), C' \subseteq C \tag{3.11}$$

也就是说，如果 D 对于 C' 的相关性与 D 和 C 的相关性相等，则属性集 $C' \subseteq C$ 将称为 D 的约简。

约简计算包括两个步骤。第一步，我们计算决策属性关于整个数据集的相关性。一般来说，数值为“1”；但是对于不一致的数据集来说，这个值可能是“0”和“1”之间的任何值。第二步，我们将尝试找到属性的最小集，使得决策属性的相关性值与其对于整个属性集的相关性值相同。在这一步中，我们可以使用任何基于特征选择的粗糙集算法。应当注意，在一个数据集中可能存在多个约简。

现在，我们将使用一个实例对其进行解释，如表3.10所列。

表 3.10　决策系统实例

U	a	b	c	D
x_1	1	1	3	x
x_2	1	2	2	y
x_3	2	1	3	x
x_4	3	3	3	y
x_5	2	2	3	z
x_6	1	1	2	x
x_7	3	3	1	y

对于我们的第一步而言，应计算决策属性“D”对于条件属性 $C=\{a,b,c\}$ 的相关性。由此可得

$$\gamma(C,D)=1$$

对于第二步，我们必须要找到能够满足式（3.8）中所示条件的属性子集。在这里，我们看到有两个子集可以满足条件：

$$\gamma(\{a,b\},D)=1$$
$$\gamma(\{b,c\},D)=1$$

分别用 R_1 和 R_2 表示，可得

$$R_1=\{a,b\}$$
$$R_2=\{b,c\}$$

R_1 或者 R_2 能够提供的分类精度与整个条件属性集相同，因此，可以用来表示整个数据集。重要之处在于约简应当是最优的，也就是说，它应当包含最少数量的属性，从而更好地实现它的重要性。但是，找到最优约简是一个很困难的工作，因为这需要使用更多的资源进行穷举搜索。一般来说，在较小的数据集中可以使用穷举算法来寻找约简，而对于较大的数据集，则使用另一类算法，如随机或者启发式搜索，但这些算法的缺点是它们不能产生最优结果。因此，获得最优的约简应当在资源和约简规模之间进行取舍。

核是粗糙集理论的另外一个重要概念。一般来说，约简集在数据集中不是唯一的，也就是说，我们可能得到不止一个约简集。虽然约简包含的信息量与整个属性集相同，但是即使在约简中，也有一些属性要比其他属性更加重要，也就是不能删除这些属性，而又不影响约简的分类精度。从数学上来说，可以写作：核 $=\cap_{i=1}^{n}R_i$，其中 R_i 是约简集。因此，核就是所有约简集共有的属性或者属性集。在我们之前解释的实例中，可以明显看出属性 $\{b\}$ 在所有约简集中是共有的，因此，$\{b\}$ 就是核属性。从任意一个约简中人工删除属性 $\{b\}$，就会影响决策类别对这个约简中的其他属性的相关性，从而影响约简的分类精度。

3.4 离散化过程

离散化是将连续的属性、特征或者变量转换或者划分为离散化或者正态化的属性/特征/变量/区间的过程。离散化过程决定了我们看待问题的粗略程度。例如，学生在某一科的分数可以是 0 ~ 100 的任何实数，但我们通常将其转换为 3 ~ 4 个级别。另一个例子则是血压。虽然这个值已经是离散的（自然数），但是它可以使用三个区间进行确定。因此，很明显，特征离散化是一个复杂的步骤，但它又是必不可少的，特别是从特征选择的角度，因为现实生活中的数据可能就是连续的。因此，在进行特征选择之前，我们必须应用离散化步骤将属性值转换为离散值。

文献中提出了各种离散化技术[46,68]。在本书中，我们将提出一种简单的基于粗糙集理论的离散化技术，这个技术来自于参考文献［3］。在基本决策系统 $\Delta=(U,A\cup\{d\})$ 的离散化过程中，其中 $V_a=[v_a,\omega_a)$，我们尝试为 $a\in A$ 找到 V_a 的分区 P_a。V_a 的任何分区是由 V_a 的一组切割 $V_1<V_2<\cdots<V_n$ 来定义。因此，在离散化中，我们可以通过寻找满足自然条件的切割来确定分区族。

如下所示是摘自参考文献［3］的粗糙集理论离散化过程的一系列步骤。

步骤 1：对于每个属性，创建一个集 $c(U)$，其中 $a\in A$。

步骤 2：确定每个属性 $a\in A$ 的值域 $V_a=[v_a,\omega_a)$。

步骤 3：定义步骤 2 中定义的值集的区间。

步骤 4：对于每个区间，创建一个切割集 P。

步骤 5：使用切割将属性离散化成一个全新的属性 a^P。

这里的步骤只是抽象层面的定义，现在我们将通过使用实例对每一个步骤进行解释。

实例：

例如表 3.11，它包含了两个条件属性和一个决策属性。条件属性“a”和“b”具有实数。

表 3.11 由实数组成的决策系统

A	a	b	c
u_1	0.8	2	1
u_2	1	0.5	0
u_3	1.3	3	0
u_4	1.4	1	1
u_5	1.4	2	0
u_6	1.6	3	1
u_7	1.3	1	1

第一步是确定每个属性 $a \in A$ 的 $V_a = [v_a, \omega_a)$。对于全域 U，属性“a”和“b”的值可由以下集得到：

$$a(U) = \{0.8, 1, 1.3, 1.4, 1.6\}$$
$$b(U) = \{0.5, 1, 2, 3\}$$

因为我们有两个属性，所以可得 $V_a = [0.8, 2)$ 以及 $V_b = [0.5, 4)$。

下一步是根据条件属性的值集来确定区间，在我们的实例中：

对于属性“a”：$[0.8;1)$；$[1;1.3)$；$[1.3;1.4)$；$[1.4;1.6)$。

对于属性“b”：$[0.5;1)$；$[1;2)$；$[2;3)$。

下一步是组成切割。一个切割就是一个对 (a, c)，其中 $a \in A$。一个切割可能只是上面定义的区间的中间点。因此可得

如果是属性“a”：$P_a = (a;0.9);(a;1.15);(a;1.35);(a;1.5)$。

如果是属性“b”：$P_b = (b;0.75);(b;1.5);(b;2.5)$。

图 3.7 给出了区间和切割的图形表示。

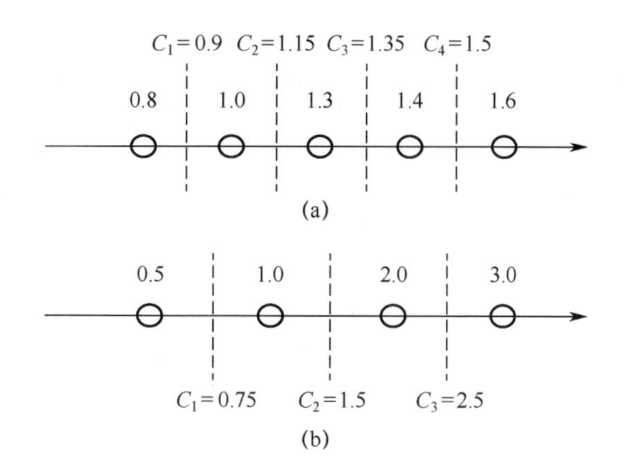

图 3.7　区间和切割的图形表示

图 3.8 说明了数据和切割之间的关系。这些切割集针对 a 的任何值定义了一个新的属性 a_P。这种机制的工作原理如下所述。

属性的值可以落在切割值之间的任何位置。现在，我们假设切割集 $P_a = (a;0.9);(a;1.15);(a;1.35);(a;1.5)$，现在 V_a 中任何低于 0.9 的值都将被赋予值“0”，在 0.9 ~ 1.5 的任何值将被赋予值“1”，在 1.15 ~ 1.35 的任何值将被赋予值“2”，以此类推。类似可得，对于 $P_b = (b;0.75);(b;1.5);(b;2.5)$，任何低于 0.75 的值都将被赋予值“0”，而在 0.75 ~ 1.5 的任何值将被赋予值“1”，以此类推。

因此，利用表 3.10，可以离散化如表 3.11 所示。

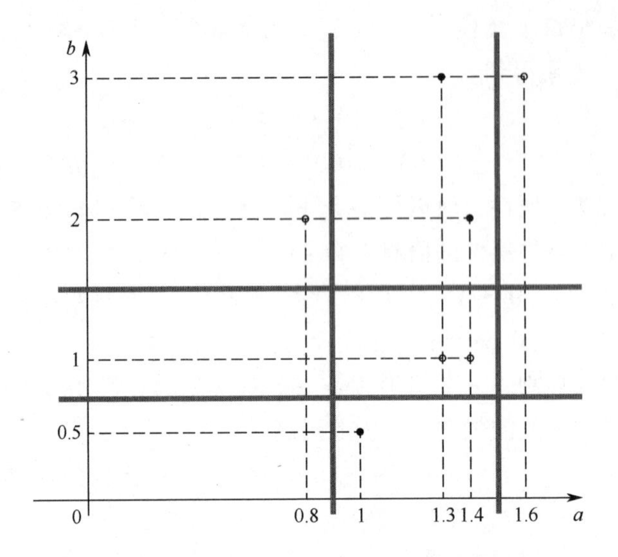

图 3.8　数据和切割之间关系的图形表示

3.5　其他相关概念

现在，我们将对选自于参考文献［3］的一些其他概念进行讨论。对于决策系统 $A=(U,C\cup\{d\})$来说，$d(U)$的基数称为决策属性“d”的秩，使用 $r(d)$表示。例如，对于表3.12中的决策系统来说，决策类别的秩就是“2”。

决策系统还可以根据决策属性进行划分。$\text{CLASS}_A(d)=\{X_A^1,X_A^2,\cdots,X_A^{r(d)}\}$称为由 d 决定的 A 中的对象的划分，其中 X_A^i 称为决策类别。

如果$\{X_A^1,X_A^2,\cdots,X_A^{r(d)}\}$是决策系统 A 的决策类别，则 $\{\underline{C}_{x1}\cup\underline{C}_{x2}\cup\cdots\cup\underline{C}_{r(d)}\}$称为正域。

对于表3.12中所给的决策系统，共有两个决策类别，也就是$\{1,0\}$。使用决策属性对这个表的全域进行的划分为 $U=\{X^1\cup X^0\}$，其中 $X^1=\{u_1,u_4,u_6,u_7\}$，$X^0=\{u_2,u_3,u_5\}$。

表3.12　离散化的决策系统

A	a	b	c
u_1	0	2	1
u_2	1	0	0
u_3	1	2	0
u_4	1	1	1
u_5	1	2	0
u_6	2	2	1
u_7	1	1	1

对于决策系统 $A=(U,C\cup\{d\})$，当且仅当 $POS_A(d)=U$ 时，决策系统是一致的。

3.6 粗糙集理论的应用

自诞生开始，粗糙集理论就被应用于各个数据分析领域，包括经济金融[4]、医疗诊断[5]、医学成像[6]、银行业[7]、数据挖掘[8]等。图 3.9 给出了粗糙集理论在不同领域的应用。

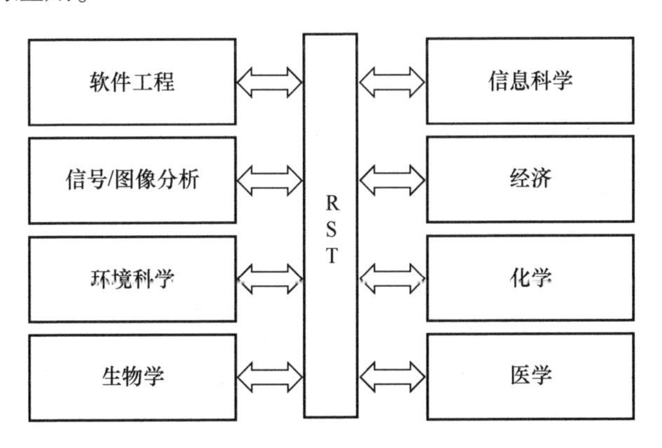

图 3.9　粗糙集理论在不同领域的应用

在这里，我们介绍了粗糙集理论在不同领域的一些代表性应用。表 3.13 给出了粗糙集理论在不同领域的应用实例。

表 3.13　粗糙集理论在不同领域的应用实例[3]

领　域	应　　用	参考文献
医学	使用 HSV 治疗十二指肠溃疡	[9-13]
	急性胰腺炎腹膜灌洗数据分析	[13-14]
	护理知识获取	[15]
	肺炎患者诊断	[16]
	医学数据库（如头疼、脑膜炎、脑血管疾病（CVD））分析	[17]
	用于医疗应用的图像分析	[18]
	手术伤口感染	[19]
	组织学图片的分类	[20]
	早产预测	[19]
	使用体外冲击波碎石术（Extra Corporeal Shock Wave Lithotripsy，ESWL）治疗尿路结石适应症的验证	[21]
	病毒性与细菌性脑膜炎鉴别诊断的影响因素分析	[22-23]

续表

领　　域	应　　用	参考文献
医学	制定急诊室诊断检查表——阑尾炎病例分析	[24]
	体外冲击波碎石术治疗尿石症的临床经验分析	[25]
	进行性脑病的诊断	[26-28]
	适用于听力假体的粗糙集声音过滤	[29]
	发现多名受伤病人的属性相关性	[30]
	心脏病人集合残差建模	[31]
	急性胰腺炎治疗经验的多阶段分析	[32]
	使用电势检测乳腺癌	[33]
	疑似急性阑尾炎患者的医学资料分析	[34]
	肝脏疾病数据库的属性约简	[35]
	EEG 信号分析	[36]
经济、金融与商业	破产风险评估	[37-39]
	公司评估	[40]
	客户行为模式	[41]
	数据库市场营销的响应建模	[42]
	股票价格波动影响因素分析	[43]
	股票市场的有效预测规则的发现	[44]
	数据库市场营销的采购预测	[45]
	客户保留建模	[46]
	时序模式	[47]
	业务数据库分析	[48]
	高度自动化生产系统中的断裂预测	[49]
环境实例	一个大型多物种毒性数据库的分析	[50]
	通过重视天然气地球化学得出地震前兆因素	[51]
	圩田的控制条件	[52]
	全球变暖：不同变量对全球温度的影响	[53]
	全球温度稳定性	[54]
	供水系统规划设计	[55-56]
	预测里贾纳用水需求	[57]
	根据实例预测边坡破坏危险等级	[58]
信号和图像分析	降低数字音频信号的噪声和失真	[59-60]
	音频的过滤和编码	[61]
	音乐声识别	[62]

续表

领　　域	应　　用	参考文献
信号和图像分析	老旧音频记录中脉冲失真的检测和插值	[63]
	音质的主观评价	[64]
	音色和乐句的分类	[65]
	图像分析	[18]
	使用误差扩散和粗糙集技术将连续色调图像转换为半色调图像	[66]
	声音识别	[29]
	手写数字识别	[67]
软件工程	软件工程数据的定性分析	[68]
	软件质量评估	[69]
	软件可部署性	[70]
	从软件工程数据中获取知识	[71]
信息科学	信息检索	[72]
	并发系统的分析和综合	[73]
	基于粗糙集的关系数据库管理系统和数据挖掘集成工具	[74]
	关系数据库的粗糙集模型	[75]
	协作知识库系统	[76]
分子生物学	从氨基酸序列中发现蛋白质的功能成分	[77]
化学：制药	分析物质的结构与活性之间的关系	[78]

3.7　小　　结

本章深入讨论了粗糙集理论的基本概念。首先，如果要了解粗糙集理论，需要掌握一些经典集合论的基本概念。为此，本章也对经典集合论的一些基本概念进行了讨论。所有粗糙集的概念都补充了一个例子，以帮助读者理解掌握。我们还对一些相关专题进行了详细阐述，如离散化过程以及其他一些定义。

本章还对粗糙集理论在各个领域中的应用情况进行了全面的综述。由于粗糙集理论自身的数学性质，学习粗糙集理论一直是一个很难的任务。为了确保简单通俗地表达粗糙集的基本含义，我们做了特别的努力，以便帮助读者理解粗糙集理论。在下一章中，我们将对粗糙集理论中的一些前沿概念进行讨论。

参考文献

1. http://www.rapidtables.com/math/symbols/Basic_Math_Symbols.htm. Access 30 Mar 2017
2. Pawlak Z (1991) Rough sets: theoretical aspects of reasoning about data. Kluwer Academic, Dordrecht
3. Pal SK, Skowron A (1999) Rough-fuzzy hybridization: a new trend in decision making. Springer, New York Inc
4. Krysiński J (1990) Rough sets approach to the analysis of the structure-activity relationship of quaternary imidazolium compounds. Arzneimittelforschung 40(7):795–799
5. Podsiadło M, Rybiński H (2014) Rough sets in economy and finance. Transactions on Rough Sets XVII. Springer, Berlin Heidelberg, pp 109–173
6. Prasad V, Srinivasa Rao T, Surendra Prasad Babu M (2016) Thyroid disease diagnosis via hybrid architecture composing rough data sets theory and machine learning algorithms. Soft Comput 20(3):1179–1189
7. Xie C-H, Liu Y-J, Chang J-Y (2015) Medical image segmentation using rough set and local polynomial regression. Multimed Tools Appl 74(6):1885–1914
8. Montazer GA, ArabYarmohammadi S (2015) Detection of phishing attacks in Iranian e-banking using a fuzzy–rough hybrid system. Appl Soft Comput 35:482–492
9. Pawlak Z, Słowiński K, Słowiński R (1986) Rough classification of patients after highly selective vagotomy for duodenal ulcer. Int J Man Mach Stud 24(5):413–433
10. Fibak J et al (1986) Rough sets based decision algorithm for treatment of duodenal ulcer by HSV. Biol Sci 34:227–249
11. Fibak J, Slowinski K, Slowinski R (1986) The application of rough set theory to the verification of indications for treatment of duodenal ulcer by HSV. In: Proceedings 6th internat, workshop on expert systems and their applications, Avignon, France, Vol 1, pp 587–599
12. Slowinski R, Slowi_nski K (1989) An expert system for treatment of duodenal ulcer by highly selective vagotomy (in Polish). Pamietnik 54. Jubil. ZjazduTowarzystwaChirurgow Polskich, Krakow I, 223–228
13. Slowinski K (1992) Rough classification of HSV patients. In: Intelligent decision support-handbook of applications and advances of the rough sets theory, pp 77–94
14. Słowiński K (1994) Rough sets approach to analysis of data of diagnostic peritoneal lavage applied for multiple injuries patients. In: Rough sets, fuzzy sets and knowledge discovery. Springer, London, pp 420–425
15. Slowiński K, Slnowiński R, Stefanowski J (1988) Rough sets approach to analysis of data from peritoneal lavage in acute pancreatitis. Med Inform 13(3):143–159
16. Grzymala-Busse JW (1998) Applications of the rule induction system LERS. Rough Sets in Knowledge Discovery 1, pp 366–375
17. Paterson GI (1994) Rough classification of pneumonia patients using a clinical database. Rough Sets, Fuzzy Sets and Knowledge Discovery. Springer, London, pp 412–419
18. Tsumoto S, Tanaka H (1995) PRIMEROSE: probabilistic rule induction method based on rough sets and resampling methods. Comput Intell 11(2):389–405
19. Jelonek J et al (1994) Neural networks and rough sets—comparison and combination for classification of histological pictures. Rough Sets, Fuzzy Sets and Knowledge Discovery. Springer, London, pp 426–433
20. Kandulski M, Marciniec J, Tukałło K (1992) Surgical wound infection—conducive factors and their mutual dependencies. Intelligent decision support. Springer, Netherlands, pp 95–110
21. Grzymala-Busse JW, Linda KG (1996) A comparison of less specific versus more specific rules for preterm birth prediction. In: Proceedings of the first online workshop on soft computing WSC1 on the internet, Japan
22. Slowinski K et al (1995) Rough set approach to the verification of indications for treatment of urinary stones by extracorporeal shock wave lithotripsy (ESWL). Soft Computing, Society for Computer Simulation, San Diego, California, pp 142–145

23. Tsumoto S, Ziarko W (1996) The application of rough sets-based data mining technique to differential diagnosis of meningoenchepahlitis. International Symposium on Methodologies for Intelligent Systems. Springer, Berlin, Heidelberg
24. Ziarko W (1998) Rough sets as a methodology for data mining. Rough Sets Knowl Discov 1:554–576
25. Rubin S, Michalowski W, Slowinski R (1996) Developing an emergency room diagnostic check list using rough sets-a case study of appendicitis. Simul Med Sci, 19–24
26. Slowinski K, Stefanowski J (1996) On limitations of using rough set approach to analyse non-trivial medical information systems
27. Paszek P, Wakulicz Deja A (1996) Optimalization diagnose in progressive encephalopathy applying the rough set theory. Zimmermann 557.1:192–196
28. Wakulicz-Deja A, Boryczka M, Paszek P (1998) Discretization of continuous attributes on decision system in mitochondrial encephalomyopathies. In: International conference on rough sets and current trends in computing. Springer, Berlin, Heidelberg
29. Wakulicz-Deja A, Paszek P (1997) Diagnose progressive encephalopathy applying the rough set theory. Int J Med Informatics 46(2):119–127
30. Czyzewski A (1998) Speaker-independent recognition of isolated words using rough sets. Inf Sci 104(1-2):3–14
31. Stefanowski J, Słowiński K (1997) Rough set theory and rule induction techniques for discovery of attribute dependencies in medical information systems. European Symposium on Principles of Data Mining and Knowledge Discovery. Springer, Berlin, Heidelberg
32. Ohrn A et al (1997) Modelling cardiac patient set residuals using rough sets. In: Proceedings of the AMIA annual fall symposium. American medical informatics association
33. Słowiński K, Stefanowski J (1998) Multistage rough set analysis of therapeutic experience with acute pancreatitis. Rough Sets in Knowledge Discovery 2. Physica-Verlag HD, pp 272–294
34. Swiniarski RW (1998) Rough sets and bayesian methods applied to cancer detection. In: International conference on rough sets and current trends in computing. Springer, Berlin, Heidelberg
35. Carlin US, Komorowski J, Øhrn A (1998) Rough set analysis of patients with suspected acute appendicitis. Traitement d'information et gestion d'incertitudes dans les systèmes à base de connaissances. Conférence internationale
36. Tanaka H, Maeda Y (1998) Reduction methods for medical data. Rough Sets in Knowledge Discovery 2. Physica-Verlag HD, pp 295–306
37. Wojdyłło P (1998) Wavelets, rough sets and artificial neural networks in EEG analysis. In International conference on rough sets and current trends in computing. Springer, Berlin Heidelberg
38. Slowinski R, Zopounidis C (1995) Application of the rough set approach to evaluation of bankruptcy risk. Intell Syst Account Finance Manag 4(1):27–41
39. Slowinski R, Zopounidis C (1994) Rough-set sorting of firms according to bankruptcy risk Applying Multiple Criteria Aid for Decision to Environmental Management. Springer Netherlands, pp 339–357
40. Greco S, Matarazzo B, Slowinski R (1998) A new rough set approach to evaluation of bankruptcy risk. Operational tools in the management of financial risks. Springer, US pp 121–136
41. Mrózek A, Skabek K (1998) Rough sets in economic applications. Rough Sets in Knowledge Discovery 2. Physica-Verlag HD, pp 238–271
42. Piasta Z, Lenarcik A (1998) Learning rough classifiers from large databases with missing values. Rough Sets Knowl Discov 1:483–499
43. Van den Poel D (1998) Rough sets for database marketing. Rough Sets in Knowledge Discovery 2. Physica-Verlag HD, pp 324–335
44. Golan RH, Ziarko W (1995) A methodology for stock market analysis utilizing rough set theory. In: Computational intelligence for financial engineering, Proceedings of the IEEE IAFE. IEEE
45. Ziarko W, Golan R, Edwards D (1993) An application of datalogic/R knowledge discovery tool to identify strong predictive rules in stock market data. In: Proceedings of AAAI

workshop on knowledge discovery in databases, Washington, DC
46. Van den Poel D, Piasta Z (1998) Purchase prediction in database marketing with the ProbRough system. In: International conference on rough sets and current trends in computing. Springer, Berlin, Heidelberg
47. Kowalczyk AE, Eiben TJ, Euverman W, Slisser F (1999) Modelling customer retention with statistical techniques, rough data models, and genetic programming. Rough Fuzzy Hybridization: A New Trend in Decision-making
48. Kowalczyk W (1996) Analyzing temporal patterns with rough sets. Zimmermann 557:139
49. Kowalczyk W, Piasta F (1998) Rough-set inspired approach to knowledge discovery in business databases. In: Pacific-Asia conference on knowledge discovery and data mining. Springer, Berlin, Heidelberg
50. Swiniarski R et al (1997) Feature selection using rough sets and hidden layer expansion for rupture prediction in a highly automated production process. Syst Sci-Wroclaw- 23:53–60
51. Keiser K, Szladow A, Ziarko W (1992) Rough sets theory applied to a large multispecies toxicity database. In: Proceedings of the Fifth international workshop on QSAR in environmental toxicology, Duluth, Minnesota
52. Teghem J, Charlet J-M (1992) Use of “Rough Sets” method to draw premonitory factors for earthquakes by Emphasing gas geochemistry: the case of a low seismic activity context, in Belgium. Intelligent Decision Support. Springer, Netherlands, pp 165–179
53. Reinhard A et al (1992) An application of rough set theory in the control conditions on a polder. S lowi nski 428:331
54. la Busse, Grzyma JW, Gunn JD (1995) Global temperature analysis based on the rule induction system LERS. In: Proceedings of the fourth international workshop on intelligent information systems, August ow, Poland, June. Vol 5. No 9
55. Gunn JD, Grzymala-Busse JW (1994) Global temperature stability by rule induction: an interdisciplinary bridge. Human Ecology 22(1):59–81
56. Greco S, Matarazzo B, Słowiński R (1998) “Rough approximation of a preference relation in a pairwise comparison table. Rough Sets in Knowledge Discovery 2. Physica-Verlag HD, pp 13–36
57. Roy B, Slowinski R, Treichel W (1992) “Multicriteria programming of water supply systems for rural AREAS1, 13–31
58. An A et al (1995) Discovering rules from data for water demand prediction. In: Proceedings of the workshop on machine learning in engineering IJCAI. Vol 95
59. Furuta H, Hirokane M, Mikumo Y (1998) “Extraction method based on rough set theory of rule-type knowledge from diagnostic cases of slope-failure danger levels. Rough Sets in Knowledge Discovery 2. Physica-Verlag HD, pp 178–192
60. Czyzewski A (1996) Mining knowledge in noisy audio data. KDD
61. Czyżewski A (1998) Soft processing of audio signals. Rough Sets in Knowledge Discovery 2. Physica-Verlag HD, pp 147–165
62. Czyzewski A, Krolikowski R (1997) New methods of intelligent filtration and coding of audio. Audio Engineering Society Convention 102. Audio Engineering Society
63. Kostek B (1998) Soft computing-based recognition of musical sounds. Rough Sets in Knowledge Discovery 2. Physica-Verlag HD, pp 193–213
64. Czyzewski A (1995) Some methods for detection and interpolation of impulsive distortions in old audio recordings. In: IEEE ASSP workshop on applications of signal processing to audio and acoustics. IEEE
65. Kostek B (1998) Soft set approach to the subjective assessment of sound quality. In: Fuzzy systems proceedings, 1998. IEEE world congress on computational intelligence, The 1998 IEEE International Conference on. Vol 1. IEEE
66. Kostek B, Szczerba M (1996) Parametric representation of musical phrases. Audio Engineering Society Convention 101. Audio Engineering Society
67. Zeng H, Swiniarski R (1998) A new halftoning method based on error diffusion with rough set filtering. Rough Sets in Knowledge Discovery 2. Physica-Verlag HD, pp 336–342
68. Bazan JG et al (1998) Synthesis of decision rules for object classification. Incomplete Information: Rough Set Analysis. Physica-Verlag HD, pp 23–57

69. Ruhe G (1996) Qualitative analysis of software engineering data using rough sets. Tsumoto, Kobayashi, Yokomori, Tanaka, and Nakamura 484:292
70. Peters JF, Ramanna S (1999) A rough sets approach to assessing software quality: Concepts and rough Petri net models. Rough-Fuzzy Hybridization: New Trends in Decision Making. Springer, Berlin, pp 349–380
71. Peters JF, Ramanna S (1998) Software deployability decision system framework: a rough set approach. Traitement d'information et gestion d'incertitudes dans les systèmes à base de connaissances. Conférence internationale
72. Ruhe G (1997) Knowledge discovery from software engineering data: Rough set analysis and its interaction with goal-oriented measurement. European Symposium on Principles of Data Mining and Knowledge Discovery. Springer, Berlin, Heidelberg
73. Srinivasan P (1989) Intelligent information retrieval using rough set approximations. Inf Process Manage 25(4):347–361
74. Skowron A, Suraj Z (1993) Rough sets and concurrency. Bull Polish Acad Sci. Technical sciences 41.3:237–254
75. Nguyen SH et al (1996) Knowledge discovery by rough set methods. In: Proceedings of the international conference on information systems analysis and synthesis ISAS. Vol 96
76. Beaubouef T, Petry FE (1994) A rough set model for relational databases. Rough Sets, Fuzzy Sets and Knowledge Discovery. Springer, London, pp 100–107
77. Ras ZW (1996) Cooperative knowledge-based systems. Intell Autom Soft Comput 2(2):193–201
78. Tsumoto S, Tanaka H (1995) Automated discovery of functional components of proteins from amino-acid sequences based on rough sets and change of representation. KDD
79. Maciá-Pérez F et al (2015) Algorithm for the detection of outliers based on the theory of rough sets. Decis Support Syst 75:63–75

第 4 章　粗糙集理论的前沿概念

在上一章中，我们讨论了粗糙集理论的一些基本概念。本章，我们将介绍一些前沿的概念，包括一些改进的定义、实例以及粗糙集理论与模糊集理论的杂合。

4.1　模糊集理论

在本章的后续部分，我们将讨论一些粗糙集理论与模糊集理论杂合相关的概念，但需要先解释一些模糊集理论的基本概念，如下所述。

4.1.1　模糊集

如果 X 是一个公开的全集，x 是 X 中的一个特定元素，那么，定义在 X 上的一个模糊集 F 应当是序列数对的一个集合：

$$A = \{(x, \mu_A(x)), x \in X\} \tag{4.1}$$

式中：每一个数对 $(x, \mu_F(x))$ 称为单元集。在明确集合理论条件下，我们无法使用 $\mu_F(x)$，因为对于所有出现的元素，它们的阶数都是 1；对于未出现的元素，它们的阶数都是 0。考虑如下所示的集合 U，有

$$U = \{0,1,2,3,4,5,6,7,8,9\}$$

$$A = \{1,3,5,7,9\}$$

$$A = \{(0,0),(1,1),(2,0),(3,1),(4,0),(5,1),(6,0),(7,1),(8,0),(9,1)\}$$

注意：我们在这里共计展示了 10 个序列数对，每个元素对应一个。每一个数对表示了一个组元素及其在这个集合中的存在程度。例如，第一个数对（0,0）表示元素“0”的存在程度是“0”，也就是它不存在于集合 A 之中；另一方面，数对（1,1）表示元素“1”存在于集合 A 中。应当注意的是，一个元素的程度是从（0）到（1）。例如，对于聪明学生的参考集 A，其中“聪明”是一个模糊项，则有

$$A = S_1, S_2, S_3, S_4, S_5$$

现在，需要注意的是，每个人都有他/她自己的智力水平。因此，这就意味着不会有一个学生的智力水平为 0，而其他人的智力水平为 100%。所以，模糊项可以采用以下形式表示：

$$A = \{(S_1,0.1),(S_2,0.4),(S_3,0.5),(S_4,0.5),(S_5,1)\}$$

以上集合表示程度或者强度，一个学生属于集合 A。学生 S_2 比 S_1 更聪明，同样可知，S_5 比 S_4 更聪明。表 4.1 给出了模糊集与具体集的区别。图 4.1 和图 4.2则给出了两者的对比。

表 4.1　模糊集和具体集的区别

模　糊　集	经　典　集
不会将一些成员限制为完全只属于一个集合	将一个对象限制为只能是或者不是一个集合的成员
允许部分成员关系	不允许部分成员关系
如果我们考虑周末的模糊集，周五就是这个集合的一部分	只有周六和周日才是这个集合的成员

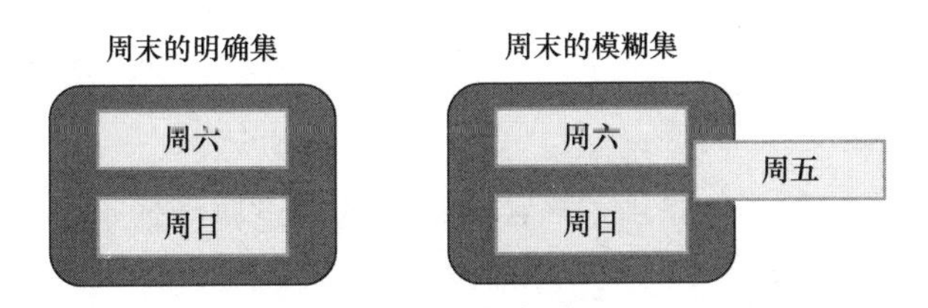

图 4.1　模糊集与明确集的对比（1）

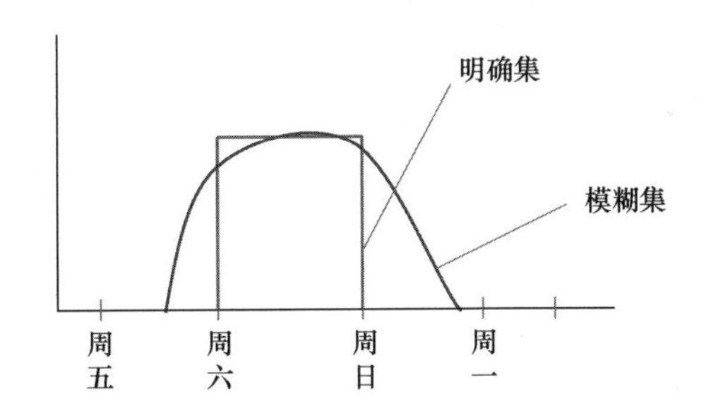

图 4.2　模糊集与明确集的对比（2）

明确集表明，只有周六和周日才是周末集合的一部分，而模糊集“周五”中可能也包含部分成员，这是因为我们通常感觉周末是在周五晚上开始的。

4.1.2　模糊集和部分真实性

正如前面所讨论的，这个全域不是明确的，我们在现实生活中经常会遇到只能找到部分答案的情况，例如，如果你问别人已经做了多少工作，你可能会得到一个答案：差不多了，只剩下一点点。现在的问题是，差不多到底是多少？因此，模糊逻辑让我们在回答问题时，能够对信息有一定程度的把握。所以，模糊逻辑是对“是/否”或者“1/0”逻辑的概括。明确集表明，只有周六和周日才是周末集合的一部分，而模糊集“周五”中可能也包含部分成员，这是因为我们通常感觉周末是在周五晚上开始。也就是说，在模糊逻辑中，回答可能是0.72或者0.5，而不是精确的1或者0。所以在模糊逻辑中，真实性有它的程度，这个值就表示了一个陈述的真实性程度，例如，考虑以下问题及其答案。

问：你是不是在七班？

答：不是（明确）。

问：你是不是要去纽约？

答：是的（明确）。

问：你有多喜欢在周末去露营？

答：不是很喜欢（模糊）。

问：周末你有多兴奋？

答：非常兴奋（模糊）。

如果你注意到了最后两个问题，就可以发现回答是在介于“是”和“不是”之间，这与前两个问题相反。

4.1.3 隶属函数

我们讨论的真实性程度是由隶属函数决定的。隶属函数是一种图形，它可以决定输入空间的元素在0~1的真实性程度（隶属）。它可以是简单的线性函数，也可以是复杂的多项式函数。

以下是隶属函数的一些特性：

（1）使用符号μ表示。

（2）它从输入空间中获取元素，并返回它们的隶属程度。

（3）隶属程度的范围从0到1，0表示绝对假，1表示绝对真。

图4.3表示了一个隶属函数μ(Old)，它决定了一个人的年龄在老年人集合中的隶属度（真实度）。

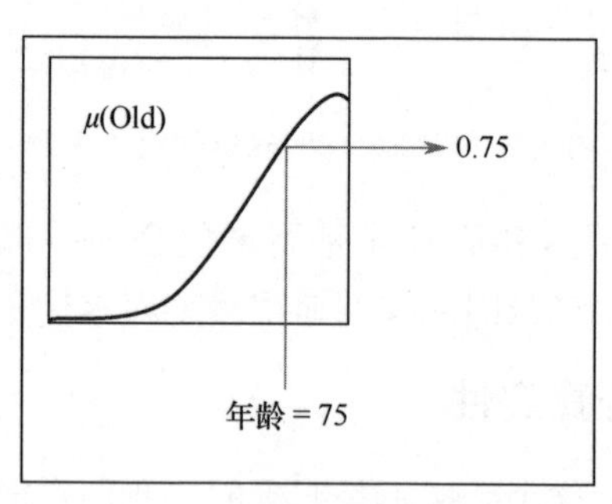

图4.3　隶属函数μ(Old)

因此，如果一个人的年龄是75岁，隶属函数μ(Old)会返回$\mu=0.75$，这意味着，这个人的年龄非常大。注意：0.75只是提供了这个人属于老年人集合的倾向性信息。

4.1.4 模糊算子

在我们了解模糊算子之前，先了解一下传统的逻辑 AND、OR 和 NOT 算子（图4.4）。

图4.4 显示了在应用 AND、OR 和 NOT 算子之后的布尔输入与对应的明确数值。另一方面，模糊算子也可以作用于实数。在模糊集理论中，我们分别对 AND、OR 和 NOT 算子使用最小（Minimum，MIN）、最大（Maximum，MAX）和 $1-A$，交集、并集和补集也可以使用。

AND运算符

A	B	A AND B
0	0	0
0	1	0
1	0	0
1	1	1

OR运算符

A	B	A OR B
0	0	0
0	1	1
1	0	1
1	1	1

NOT运算符

A	NOT A
0	1
1	0

图 4.4 传统逻辑算子

4.1.4.1 并集

假设 A 和 B 是两个模糊集，如果 $\mu(A)$ 和 $\mu(B)$ 是关于全集 X 的隶属函数，则 $\mu(A)$ 和 $\mu(B)$ 的并集可以使用模糊并集算子定义，如下所示：

$$\mu_{A\cup B}(X)=\mathrm{MAX}(\mu(A),\mu(B)) \tag{4.2}$$

实例：表4.2 解释了两个模糊集 A 和 B 的并集算子。

表4.2 并集算子

$\mu(A)$	$\mu(B)$	$\mu_{A\cup B}(X)=\mathrm{MAX}(\mu(A),\mu(B))$
0.5	0.2	0.5
0.1	0.05	0.1
0.0	0.0	0.0
0.3	0.35	0.35

4.1.4.2 交集

假设 A 和 B 是两个模糊集，如果 $\mu(A)$ 和 $\mu(B)$ 是关于全集 X 的隶属函数，则 $\mu(A)$ 和 $\mu(B)$ 的并集可以使用模糊交集算子定义，如下所示：

$$\mu_{A\cap B}(X)=\mathrm{MIN}(\mu(A),\mu(B)) \tag{4.3}$$

表4.3 解释了两个模糊集 A 和 B 的交集算子。

表 4.3 交集算子

$\mu(A)$	$\mu(B)$	$\mu_{A\cap B}(X)=\text{MIN}(\mu(A), \mu(B))$
0.5	0.2	0.2
0.1	0.05	0.05
0.0	0.0	0.0
0.3	0.35	0.3

4.1.4.3 补集

假设 A 是模糊集，且 $\mu(A)$ 是关于全集 X 的隶属函数，则补集算子可以定义为

$$\mu_{A^c}(X) = 1 - \mu(A) \tag{4.4}$$

表 4.4 解释了模糊集 A 的补集算子。图 4.5 展示了所有的模糊算子。

表 4.4 补集算子

$\mu(A)$	$\mu_{A^c}(X)=1-\mu(A)$	$\mu(A)$	$\mu_{A^c}(X)=1-\mu(A)$
0.5	0.5	0.0	1.0
0.1	0.9	0.3	0.7

图 4.5 模糊算子

4.1.5 模糊集表示法

模糊集可以使用两种方式表示。第一种是使用与图 4.5 所示相同的三角形图，其中峰值即代表平均值。这种表示法是基于总体中的大多数处于平均值的假设，而例外情况则由三角形斜率上的远边进行表示。另一种最方便的模糊集表示法是使用数值和隶属度对的形式表示一个集合。例如，为了表示一个关于个人的高度的模糊集“身高（Tall）”，我们可以使用以下的符号进行表示：

身高（Tall）=0/4，0/4.5，0/5，0.25/5.5，0.5/6，0.75/6.5，1/7

在这里，分子代表隶属度值，分母代表实际高度。所以一个身高达到 4.5in 的人不会被认为身高很高，而一个身高达到 7in 的人肯定会被认为是高的。

4.1.6 模糊规则

一般来说，模糊规则是以“如果–则（IF-Else）”语句的形式实现的。例如，在表4.5中，我们可以得到：如果 $X=A$，则 $Y=0$。

表4.5 具有两个变量的原始数据集

X	Y	X	Y
A	0	A	0
B	1	C	1

这是一个简单的规则，我们也可以得到更复杂的规则。例如，从上面的表格，我们也可以推导出：

如果（$X=B$）或者（$X=C$），则 $Y=1$

这里的 X 和 Y 是变量，则$\{B,C,0,1\}$就是模糊分布或者模糊集。更加实际的规则可能是：

如果坡度很陡，则能耗会很高。

这里的坡度是变量，它在模糊系统中可能会有一个明确的值，如从1～15的某些数值。规则包括两部分，即前提和结果。

前提是指获得结果需要满足的条件。例如，如果天气好，那么我们就可以出去露营。如上所述，前提可以使用逻辑算子串联多个部分，在这种情况下，所有部分都可以被解析为一些单个数值。

结果是作为结论的部分，即“则（THEN）”之后的部分。结果也可以有多个部分，如在下面的规则中：

如果坡度很陡，则能耗会很高且速度很慢。

我们得到了两个结果部分。前提会影响结果，我们使用蕴含函数来修改输出模糊集，直至达到前提指定的程度。例如，对于如下所示的规则：

如果坡度很陡或者道路不平，则能耗会很高。

模糊系统工作原理如图4.6所示，这个过程包括以下三个步骤。

步骤1：模糊输入。

将所有的前提都解为一个单一数值，隶属度为0～1。例如，在上述提及的规则中，坡度被赋值为60%，然后，利用模糊隶属函数在高斜率模糊集中将其模糊化至0.6。类似可得，道路粗糙度被赋值为50%，然后，在粗糙度模糊集中被模糊化至0.5。

步骤2：应用模糊算子。

如果这个规则包含多个前提，则应用模糊算子求解前提值。在我们的实例中共有两个前提，即“坡度”和“道路”。它们之间有一个OR（或）算子，所以通过MAX（0.6,0.5）得到的0.6就称为规则支持度。

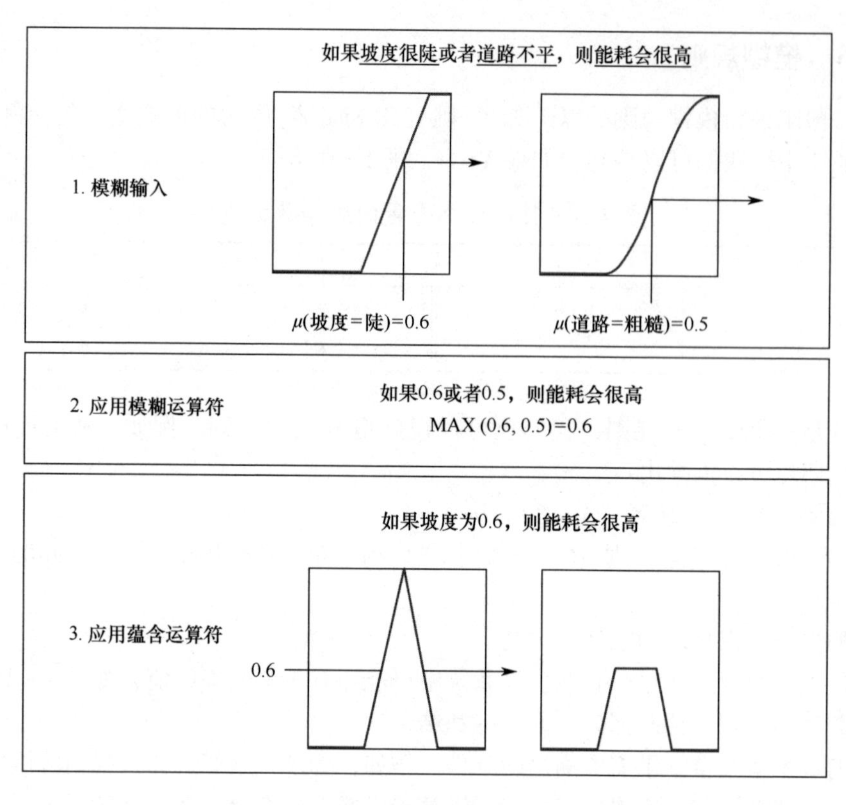

图 4.6　模糊系统工作原理

步骤 3：应用蕴含方法。

应用蕴含方法并使用支持度来形成输出模糊集。模糊规则的结果以一个完整的模糊集的形式输出。这个模糊集可由一个隶属函数来表示，该隶属函数体现了结果的性质。然后，根据蕴含方法对输出模糊集进行截断（图 4.6）。

4.2　模糊粗糙集杂合

模糊理论和粗糙集理论都是计算的重要组成部分。粗糙集理论是对不确定性建模，而模糊集则是对模糊性建模。研究人员已经对两种理论相互作用的多种方式进行了探索[1]。在本节中，我们首先将对模糊粗糙杂合技术在监督学习、信息检索和特征选择中的一些应用进行介绍。

4.2.1　有监督学习和信息检索

在参考文献［2］中，作者利用模糊-粗糙不确定性提高了 K 最邻近算法的分类精度，但仍然保持了算法的简单性和非参数特征。在所提出的解决方案中，我们不需要像传统的解决方案那样知道 K 的值。此外，利用模糊-粗糙所有权值计算得出的分类置信度不等于1，这可以帮助算法区分确定的和未知的因素，从而使分类置信度的内涵更加丰富。

自然语言中含有大量的不确定性和模糊性，因此，模糊-粗糙集可以更好地帮助我们解决与自然语言相关的问题。在参考文献［3］中，作者使用了模糊-粗糙框架来优化查询。他们定义了一个使用上近似的同义词典，其中查询可从上部和下部进行近似。上近似导致查询爆炸，而下近似被证明过于严格，从而导致查询为空。所以，作者提议在同义词典不具有传递的情况下，可以使用上近似的下近似（不同于上近似）。

4.2.2 特征选择

到目前为止，粗糙集理论已经成功地应用于特征选择之中，但是，也提出了使用模糊粗糙集的技术。在参考文献［4］中，作者提出了一种基于模糊粗糙集的蚁群优化算法，并使用模糊粗糙集技术来寻找最优特征子集。

现实世界中的数据通常以混合格式存在，因此需要一种有效的数据约简技术。在参考文献［5］中，作者提出了一种信息测度，以计算模糊或者明确等价关系的区分能力，并同时利用这个测度来度量不同属性的重要度。最后，作者还针对有监督和无监督数据集提出了两种约简算法。

表4.6展示了基于模糊粗糙集的一些特征选择技术。

表4.6　基于模糊粗糙集的一些特征选择技术

模糊粗糙技术	描　述
全新的模糊粗糙特征选择技术[6]	研究提出了基于模糊相似关系的全新模糊-粗糙特征选择算法。同时，也给出了明确的差别矩阵的模糊扩展
基于异类比模糊粗糙集的稳健特征选择[7]	研究提出了一种有效的稳健模糊粗糙集模型，称为异类比模糊粗糙集（DC_ratio_FRS）模型，以减少噪声样本对上、下近似计算的影响，并直接识别有噪声样本
基于多核模糊粗糙集的大规模多模态属性约简[9]	研究定义了一种基于集合理论的核组，以用于多模态属性模糊分类的模糊相似度提取。然后，研究构造了一个多核模糊粗糙集模型。最后，在这个模型的基础上提出了一种大规模多模态模糊分类的属性约简算法
关于可扩展的模糊粗糙特征选择	针对这一问题，研究提出了采用邻域逼近步骤和属性分组两种全新的处理技术，以减少处理开销并降低复杂度
模糊粗糙特征选择加速技术	研究提出了一种称为正向逼近的加速技术，这个技术将样本缩减和维数缩减结合在一起。这个策略可用于加速模糊粗糙特征选择的启发式过程。在这个基础上，设计了一种改进的算法

续表

模糊粗糙技术	描　述
半监督模糊粗糙特征选择	研究提出了一种半监督模糊粗糙特征选择的新技术，其中对象标签在数据中可能只是部分存在。这个技术还有另外一个吸引人的特性，也就是当整个数据集被标记时，生成的任何子集也都是有效的（超）约简
使用基于模糊粗糙集的特征选择算法预测子宫颈癌风险	使用模糊粗糙集技术对人口数据统计集进行分析，确定宫颈癌的发病风险。这个技术将熵值、信息增益（Information Gain，IG）和模糊粗糙集相结合，以用于早期识别宫颈癌风险。风险因素由信息增益确定，采用模糊粗糙集技术提取规则

4.2.3　粗糙模糊集

Dubios 等[6]定义了粗糙模糊集的概念以对各类情况进行建模模拟，其中的知识库包含了明确的概念，而输出类的边界定义则较差。粗糙集是在一个明确的近似空间中由模糊集近似推导得出来的。粗糙模糊集的输出类是模糊的。对于一个粗糙模糊集 FX 而言，下近似和上近似分别定义如下。

假设 $FS=(U,A,V,f)$ 是一个知识表达系统，如果 $P\subseteq A$ 和 $FX\subseteq U$ 是模糊集，则 FS 关于 FX 的下近似 $\underline{\mathrm{apr}}_p(FX)$ 和上近似 $\overline{\mathrm{apr}}_p(FX)$ 分别定义如下：

$$\underline{\mathrm{apr}}_p(FX)=\inf\{x\in I(x):\mu_{FX}(x)\} \tag{4.5}$$

$$\overline{\mathrm{apr}}_p(FX)=\sup\{x\in I(x):\mu_{FX}(x)\} \tag{4.6}$$

式中：I 是 U 的等价关系；$\mu_{FX}(x)$ 是 x 对于 FX 的隶属度。下近似定义了一个对象明确属于模糊集 FX 的程度，而上近似则定义了对象 x 可能属于 FX 的隶属度。所以，如果值为 0 或者 1，则这些定义就与传统粗糙集理论中的定义相同。

如果 $U=\{X_1,X_2,X_3,X_4,X_5\}$ 是一个五名雇员的集合，并且包含两个等价类 $U/I=\{\{X_1,X_3,X_5\}\{X_2,X_4\}\}$。假设一个模糊集 FX 代表了“能力”的概念，隶属函数为 $\mu_{FX}(X)=\left\{\frac{X_1}{0.5},\frac{X_2}{0.4},\frac{X_3}{0.1},\frac{X_4}{0.8},\frac{X_5}{0.7}\right\}$，则粗糙模糊集的上、下近似为

$$\underline{\mathrm{apr}}_p(FX)=\left\{\frac{X_1}{0.1},\frac{X_2}{0.4},\frac{X_3}{0.1},\frac{X_4}{0.4},\frac{X_5}{0.1}\right\}$$

$$\overline{\mathrm{apr}}_p(FX)=\left\{\frac{X_1}{0.7},\frac{X_2}{0.8},\frac{X_3}{0.7},\frac{X_4}{0.8},\frac{X_5}{0.7}\right\}$$

4.2.4　模糊粗糙集

模糊粗糙集是粗糙模糊集的扩展。根据 Dubios 在参考文献［6］中所述，模糊粗糙集可以被定义如下。

数对〈$\underline{P}X$，$\overline{P}X$〉称为模糊粗糙集，其中 $\underline{P}X$ 定义下近似，而 $\overline{P}X$ 称为上近

似，如下所示：

$$\mu_{\overline{PX}}(F_i) = \inf \max\{1 - \mu_{F_i}(x), \mu_X(x)\} \ \forall I \tag{4.7}$$

$$\mu_{\underline{PX}}(F_i) = \inf \max\{\mu_{F_i}(x), \mu_X(x)\} \ \forall I \tag{4.8}$$

式中：F_i为等价类；X 为要求近似的模糊概念。

很显然，当等价关系明确时，一个模糊粗糙集将退化为一个粗糙模糊集。而当所有模糊等价关系都是明确时，它将进一步退化为一个经典粗糙集。因此，这个明确的下近似可以用下面的函数来表示[7]：

$$\mu_{\underline{PX}}(x) = \begin{cases} 1, & x \in F, \ F \subseteq X \\ 0, & \text{其他} \end{cases} \tag{4.9}$$

这意味着，如果一个对象 X 属于等价类，而这个等价类又是 X 的一个子集，则这个对象就属于 X 的一个下近似。

4.3 相　关　类

在传统的粗糙集理论中，计算属性“D”关于属性“C”的相关性关系需要扫描数据集并计算正域，这是一项非常耗时的工作。在参考文献［8］中，作者提出了一个新的相关类概念。他们开发了一种由相关类组成的计算相关性关系的替代技术。

相关类是一种启发式技术，它定义了当我们在数据集遍历的过程中扫描新记录的时候，相关性度量会如何变化。

他们从数据集的第一条记录开始，然后，根据导出的启发式计算决策属性关于条件属性的相关性关系。在添加每个记录之后，根据该属性的值指向的决策类，特定属性的依赖关系将被刷新。在相关性类别使用的启发式技术的基础上，提出了以下两种类型的相关性。

（1）增量相关类[8]。

（2）直接相关类[9]。

4.3.1 增量相关类

增量相关类（Incremental Dependency Classes，IDC）由四个规则组成，每个规则定义一个类别，这个类别将控制决策属性“D”对“C”的相关性会随着我们读取每个新记录而发生什么样的变化。

我们将通过一个示例来解释每个增量相关类。例如摘自参考文献［10］的表 4.7 所列的决策系统，如下所示：

$$C = \{a', b', c', d'\}$$

$$D = \{D\} \text{ 且 } |U| = 10$$

表 4.7　决策系统示例

U	a'	b'	c'	d'	D
A	M	L	3	M	1
B	M	L	1	H	1
C	L	L	1	M	1
D	L	R	3	M	2
E	M	R	2	M	2
F	L	R	3	L	3
G	H	R	3	L	3
H	H	N	3	L	3
I	H	N	2	H	2
J	H	N	2	H	1

首先，我们从 $|U|=6$ 开始，其中 $U=\{a,b,c,d,e,f,g\}$。我们计算“D”对于“C”中所有属性的相关关系（在表 4.8 中每个列的末尾给出）。

现在，在增加新记录之后，我们定义了不同的类别，利用这些类别就可以计算得出相关性关系。

表 4.8　决策系统示例

U	a'	b'	c'	d'	D
A	M	L	3	M	1
B	M	L	1	H	1
D	L	R	3	M	2
E	M	R	2	M	2
F	L	R	3	L	3
G	H	R	3	L	3
	0.16667	0.3333	0.3333	0.5	

4.3.1.1　现有边界域

对于属性 a' 来说，如果相同的属性值会导致不同的决策类别，例如，在表 4.8 中即有 $a'(L)\rightarrow 2,3$（也就是说，值“L”会得到决策类别“2”和“3”），则增加一个与 a' 具有相同值的新记录，可以减少决策对这个属性的相关性。在这种情况下，增加一行只会减少相关性。

例如，在表 4.8 中，有

$$\gamma(a',D)=\frac{1}{6}$$

增加一个新记录，也就是对象“C”之后，具有新的相关性的新数据集如

表 4.9 所列。

增加新记录之前：$a'(L) \to 2,3$（表 4.8）。

增加新记录之后：$a'(L) \to 1,2,3$（表 4.9）。

由此可见，属性“a”的值“L”最初可以得到两个决策类别，而在增加一个新记录之后可以得到三个决策类别，因此，$\gamma(a',D)$变成

$$\gamma(a',D) = \frac{1}{7}$$

表 4.9　增加新对象“C”

U	a′	b′	c′	d′	D
A	M	L	3	M	1
B	M	L	1	H	1
C	L	L	1	H	1
D	L	R	3	M	2
E	M	R	2	M	2
F	L	R	3	L	3
G	H	R	3	L	3
	0.14286	0.4286	0.4286	0.4286	

4.3.1.2　正域

对于属性 a'，如果增加一条记录，不会导致这个属性的相同值产生不同的决策类别，那么相关性就会增加。例如，在表 4.8 中，$b'(L) \to 1$。之前的相关性值是 2/6。在增加一个新的行之后（表 4.9 所列的对象“C”），$b'(L) \to 1$ 保持不变，也就是说，属性“b”的值“L”唯一地标识了决策类别，因此，新的相关性则为

$$\gamma(b',D) = \frac{3}{7}$$

4.3.1.3　初始正域

对于属性 a'，如果这个属性的值是第一次出现在数据集中，则相关性增加。例如，增加一个新记录（对象“I”），如表 4.10 所列。

$b'(N) \to 2$。最开始，属性“b'”的值“N”并未出现。现在为 b' 的这个值增加一个记录，则得到的新的相关性值如下所示：

$$\gamma(b,D) = \frac{4}{8}$$

表 4.10　增加新对象“I”

U	a′	b′	c′	d′	D
A	M	L	3	M	1
B	M	L	1	H	1

续表

U	a'	b'	c'	d'	D
C	L	L	1	H	1
D	L	R	3	M	2
E	M	R	2	M	2
I	H	N	2	H	2
F	L	R	3	L	3
G	H	R	3	L	3
	0/8	0.5	0.5	0.25	

4.3.1.4 边界域

对于属性 a'，如果属性的相同值（之前可以得到唯一的决策类别）得到了不同的决策，则增加新记录会减少相关性。

例如，在表 4.11 中增加一个记录。

表 4.11　增加新记录“H”

U	a'	b'	c'	d'	D
A	M	L	3	M	1
B	M	L	1	H	1
C	L	L	1	H	1
D	L	R	3	M	2
E	M	R	2	M	2
I	H	N	2	H	2
F	L	R	3	L	3
G	H	R	3	L	3
H	H	L	3	L	3
	0	1/9	0.5	0.25	

新的相关性 $\gamma(b',D)$ 为

$$\gamma(c,D)=\frac{1}{9}$$

其中，在增加记录“H”之前，$\gamma(c,D)=\frac{3}{9}$。表 4.12 展示了对所有决策类别的小结。

表 4.12 增量相关类小结

决策类别	定义	初始属性值	增加新记录之后	对相关性的影响
现有边界区域类别	如果相同的属性值可以得出不同的决策类别，则可以降低依赖性	$a'(L)\to 2,3$	$a'(L)\to 1,2,3$	减少
正域类别	如果增加一个条记录，并未使得这个属性的相同值生成不同的决策类别，那么依赖性就会增加	$b'(L)\to 1$	$b'(L)\to 1$	增加
初始正域类别	如果这个属性的值是第一次出现在数据集中，则相关性增加	—	$b'(N)\to 2$	增加
边界区域类别	如果属性的相同值（之前可以得到唯一的决策类别）得到了不同的决策，则增加新记录会减少相关性	$b'(L)\to 1$	$b'(L)\to 1,3$	减少

4.3.1.5 增量相关类的数学表达式

现在，我们给出增量相关类的数学表达式以及一个计算增量相关类的例子。从数学上可知

$$\gamma(\text{属性},D)=\frac{1}{N}\sum_{k=1}^{N}\gamma'_k \tag{4.10}$$

其中

$$\gamma'_k=\begin{cases}1,\text{如果 } V_{\text{属性},k} \text{ 得到一个正域类}\\ 1,\text{如果 } V_{\text{属性},k} \text{ 得到一个初始正域类}\\ -n,\text{如果 } V_{\text{属性},k} \text{ 得到一个边界区域类}\\ 0,\text{如果 } V_{\text{属性},k} \text{ 已经得到了一个边界区域类型}\end{cases}$$

表 4.13 说明了符号及其语义。

表 4.13 符号及其语义

符号	语义
$\gamma(\text{属性},D)$	属性“D”关于属性“属性”的相关性
“属性”	当前正在考虑的属性名称
D	决策属性（决策类）
γ'_k	对象“k”对属性“属性”的相关性值贡献度
$V_{\text{属性},k}$	数据集中对象“k”的属性“属性”的值
n	$V_{\text{属性},k}$之前出现的总次数
N	数据集中记录的总个数

4.3.1.6 示例

下面的例子说明了增量相关类如何计算相关性关系。我们读取每条记录并识别它的相关类。根据类别，我们将决定可以把相关性增加至总相关性值中的因素。正如表 4.7 中给出的数据集。使用如下所示增量相关类：

$$\gamma(\text{属性},D) = \frac{1}{N}\sum_{k=1}^{N}\gamma'_k$$

考虑属性 $\{a'\}$，我们读取了前三个记录，也就是对象"A"首次出现的时候，因此它属于"初始正域"类别，所以我们可以在总相关性值中增加"1"。读取对象"B"和"C"可以得到"正域"类别，所以我们可以给它们两个都增加"1"。现在读取对象"D"，值"L"可以得到决策类别"2"（之前，它的一次出现得到了决策类别"1"），所以它属于"边界区域"类别，因此我们在总相关性值中增加"-1"。在这个阶段读取对象"E"，值"M"属于"边界区域"类别，并且它之前出现了两次，所以我们在总相关性值中增加"-2"。读取对象"F"。需要注意的是，它之前已经得到了"边界区域"类别，所以我们在总相关性值中增加"0"，以此类推，即

$$\gamma(\{a'\},D) = \frac{1}{10}\sum_{k=1}^{10}\gamma'_k = (1+1+1+(-1)+(-2)+0+1+1+(-2)+0)$$

$$= \frac{0}{10}$$

$$= 0$$

类似可得，"D"关于$\{b',c',d'\}$的相关性如下所示：

$$\gamma(\{b'\},D) = \frac{1}{10}\sum_{k=1}^{10}\gamma'_k = (1+1+1+1+1+(-2)+0+1+(-1)+0) = \frac{3}{10}$$

$$\gamma(\{c'\},D) = \frac{1}{10}\sum_{k=1}^{10}\gamma'_k = (1+1+1+(-1)+1+0+0+0+1+(-2)) = \frac{2}{10}$$

$$\gamma(\{d'\},D) = \frac{1}{10}\sum_{k=1}^{10}\gamma'_k = (1+1+1+(-2)+0+1+1+1+(-1)+0) = \frac{3}{10}$$

需要注意的是，如果通过一个属性的值已经得到了边界区域类，则增加相同的值将仅仅通过在相关性中增加"0"进行反映。

4.3.2 直接相关类

直接相关类（Direct Dependency Classes，DDC）是增量相关类的替代选择，它可以直接计算相关性关系，而不涉及正域，它的性能与增量相关类几乎一致。直接相关类可以确定属性 C 在数据集中的唯一/非唯一类别的数量。唯一类别表示这个属性值在整个数据集中只会得到唯一的决策类别，因此可以使用这个值来精确定义决策类。

例如，在表 4.8 中，属性"b'"的值"L"就是唯一类别，因为它在同一个

表中的所有次出现都只是得到单一/唯一的决策类别（也就是“1”）。非唯一类别表示这个属性值会得到不同的决策类别，所以不能使用它们来精确地确定决策类别。例如，在表4.8中，属性“b'”的值“R”就表示非唯一类别，因为它的一些出现可以得到决策类别“2”，而另外一些出现则可以得到决策类别“3”。

直接计算唯一/非唯一类别可以让我们避免正域的复杂计算。这种技术背后的基本思想是：唯一类别的数量增加了相关性，而非唯一类别的数量则减少了相关性。对于决策类别 D，对象 K 对于属性 C 的相关性如表4.14所列。

表4.14 直接相关类如何计算相关性

相关性	唯一/非唯一类别的数量
0	如果没有唯一类别
1	如果没有非唯一类别
n	否则，$0<n<1$

使用直接相关类技术的相关性关系可以用以下公式计算得出。

对于唯一相关类：

$$\gamma(\text{属性},D)=\frac{1}{N}\sum_{i=1}^{N}\gamma'_i \tag{4.11}$$

$$\gamma'_i=\begin{cases}1,\text{如果类别是唯一的}\\0,\text{如果类别是非唯一的}\end{cases}$$

对于非唯一相关类：

$$\gamma(\text{属性},D)=\frac{1}{N}\sum_{i=1}^{N}(\gamma'_i) \tag{4.12}$$

$$\gamma'_i=\begin{cases}0,\text{如果类别是唯一的}\\1,\text{如果类别是非唯一的}\end{cases}$$

表4.15说明了符号及其语义。

表4.15 符号及其语义

符号	语义
γ(属性，D)	属性“D”关于属性“属性”的相关性
“属性”	当前正在考虑的属性名称
D	决策属性（决策类型）
γ'_i	对象“I”对属性“属性”的相关性值贡献度
N	数据集中记录的总个数

4.3.2.1 示例

例如表4.7中给出的决策系统。按照唯一相关类别的定义：

$$\gamma(\text{属性},D)=\frac{1}{N}\sum_{i=1}^{N}(\gamma_i')$$

如果考虑属性 $\{b'\}$，则共有三个唯一相关类，也就是可以得到唯一决策类别的值“L”共计出现了三次，因此可得：

$$\gamma(\{b'\},D)=\frac{1}{10}\sum_{i=1}^{10}(\gamma_i')$$

$$\gamma(\{b'\},D)=\frac{1}{10}(1+1+1+0+0+0+0+0+0+0)=\frac{3}{10}$$

对于属性 $\{c'\}$，类似可得

$$\gamma(\{c'\},D)=\frac{1}{10}\sum_{i=1}^{10}(\gamma_i')$$

$$\gamma(\{c'\},D)=\frac{1}{10}(0+1+1+0+0+0+0+0+0+0)=\frac{2}{10}$$

另一方面，如果我们考虑非唯一相关类：

$$\gamma(\text{属性},D)=1-\frac{1}{N}\sum_{i=1}^{N}(\gamma_i')$$

如果我们考虑属性“b'”，应当注意，共有七个非唯一相关类（值“R”的四次出现得到了两个决策类别，值“N”的三次出现得到了三个决策类别），因此可得

$$\begin{aligned}\gamma(\{b'\},D)&=1-\frac{1}{10}\sum_{i=1}^{10}(\gamma_i')\\&=1-\frac{1}{10}(0+0+0+1+1+1+1+1+1+1)\\&=\frac{3}{10}\end{aligned}$$

类似可得

$$\begin{aligned}\gamma(\{c'\},D)&=1-\frac{1}{10}\sum_{i=1}^{10}(\gamma_i')\\&=1-\frac{1}{10}(1+0+0+1+1+1+1+1+1+1)\\&=\frac{2}{10}\end{aligned}$$

注意：属性 $\{b'\}$ 中共有三个唯一决策类别，而属性 $\{c'\}$ 则有七个。对于一个决策系统来说，有

唯一类别的数量 + 非唯一类别的数量 = 全集的规模

因此，我们需要计算唯一类别或者非唯一类别的数量。直接相关类算法如图 4.7 所示。

```
Function FindNonUniqueDependency
Begin
InsertInGrid(X1)
For i =2 to TotalUnivesieSize
IfAlreadyExistsInGrid(Xi)
        Index = FindIndexInGrid(Xi)
        If DecisionClassMatched(index,
i) = False
UpdateUniquenessStaus(index)
        End - IF
  Else
InsertInGrid(Xi)
  End - IF

Dep = 0

For i =1 to TotalRecordsInGrid
 If Grid(I,CLASSSTATUS) = 1
  Dep = Dep + Grid(i,INSTANCECOUNT)
 End - IF
Return (1 - Dep)/TotalRecords
End Function

Function InsertInGrid(Xi)
For j =1 to TotalAttributesInX
 Grid(NextRow,j) = Xi^j
End - For
 Grid(NextRow,DECISIONCLASS) = Di
Grid(NextRow, INSTANCECOUNT) = 1
Grid(NextRow, CLASSSTATUS) = 1 //1 =>
唯一性
End - Function

Function IfAlreadyExistsInGrid(Xi)
  For i =1 to TotalRecordsInGrid
    For j =1 to TotalAttributesInX
    If Grid(i,j) < >X^j
       Return False
    End - For
    End - For
Return True
End  Function

Function FindIndexInGrid(Xi)
  For i =1 to TotalRecordsInGrid
RecordMatched = TRUE
  For j =1 to TotalAttributesInX
    If Grid(i,j) < >X^j
       RecordMatched = FALSE
    End - For
 If RecordMatched = TRUE
    Return j
```

```
Function FindUniqueDependency
Begin
InsertInGrid(X1)
For i =2 to TotalUnivesieSize
IfAlreadyExistsInGrid(Xi)
      Index = FindIndexInGrid(Xi)
      If DecisionClassMatched(index,i)
 = True
UpdateUniquenessStaus(index)
      End - IF
  Else
InsertInGrid(Xi)
  End - IF

Dep = 0

For i =1 to TotalRecordsInGrid
 If Grid(i,CLASSSTATUS) = 0
  Dep = Dep + Grid(i,INSTANCECOUNT)
 End - IF
Return Dep/TotalRecords
End Function

Function InsertInGrid(Xi)
For j =1 to TotalAttributesInX
 Grid(NextRow,j) = Xi^j
End - For
 Grid(NextRow,DECISIONCLASS) = Di
Grid(NextRow, INSTANCECOUNT) = 1
Grid(NextRow, CLASSSTATUS) = 1 //1 =>
唯一性
End - Function

Function IfAlreadyExistsInGrid(Xi)
  For i =1 to TotalRecordsInGrid
  For j =1 to TotalAttributesInX
    If Grid(i,j) < >X^j
      Return False
    End - For
  End - For
Return True
End - Function

Function FindIndexInGrid(Xi)
For i =1 to TotalRecordsInGrid
RecordMatched = TRUE
  For j =1 to TotalAttributesInX
  If Grid(i,j) < >X^j
  RecordMatched = FALSE
  End - For
 If RecordMatched = TRUE
  Return j
```

``
  End - If
  End - For
Return True
End - Function
 	
Function DecisionClassMatched(index,i)
  If Grid(index, DECISIONCLASS) = Di
     Return TRUE
  Else
     Return False
  End - If
End - Function
 	
Function UpdateUniquenessStaus(index)
Grid(index, CLASSSTATUS) =1
End - Function
``
	``
	  End - If
	End - For
	Return True
	End - Function
	
	Function DecisionClassMatched(index,i)
	  If Grid(index, DECISIONCLASS) = Di
	     Return TRUE
	  Else
	     Return False
	  End - If
	End - Function
	
	Function UpdateUniquenessStaus(index)
	Grid(index, CLASSSTATUS) =1
	End - Function
	``

DDC using non - unique classes	DDC using Unique Classes

图 4.7　使用唯一和非唯一类别直接计算相关性的伪代码

网格是不使用正域而直接计算相关性关系的主要数据结构。它是一个具有以下维度的矩阵：

$$行的数量 = 数据集中记录的数量$$

$$列的数量 = 条件属性的数量 + 决策属性的数量 + 2$$

因此，如果数据集中共有 10 条记录、5 个条件属性和 1 个决策类别，那么网格维度就是 10 × 8，也就是 10 行、8 列。从数据集中读取的行如果尚不存在，那么，首先将其保存在网格中。5 个条件属性将保存在前 5 列中；决策属性则将保存在第 6 列中，这一列又称为“决策类别”。第 7 列称为“实例计数”，它将保存记录在实际数据集中出现的次数；最后一列称为“类别状态”，它将保存记录的唯一性，值“0”表示这个记录是唯一的，而“1”则表示它是非唯一的。如果从数据集中读取的记录已经存在于网格中，则它的“实例计数”就会增加。如果记录的决策类别与已经保存在网格中的决策类别不相同，也就是现在通过相同的属性值得到了不同的决策类别，则“类别状态”将被设置为“1”。但是，如果这个记录是首次出现的，则“实例计数”将被设置为“1”，而“类别状态”则会将被设置为“0”，也就是它被视为是唯一的。

函数“FindNonUniqueDependency”和“FindUniqueDependency”是用于计算相关性的主要函数。函数在网格中插入第一个记录，然后在整个数据集中搜索相同的记录。一旦发现相同的记录不止一次出现，就会在网格中更新记录的状态。最后，函数会根据类别的唯一性/非唯一性来计算相关性值。函数“InsertInGrid”会将记录插入网格的下一行。函数“FindIndex”会在会网格中查找当前记录的行号。函数“IfAlreadyExistsInGrid”会确定记录是否已经存在。最后，函数“UpdateUniquenessStaus”会更新网格中的记录状态。

4.4 重新定义的近似

利用唯一决策类别，得到了在不使用不可分辨关系[11]的情况下计算上、下近似的思路。计算上、下近似需要计算等价类（不可分辨关系），这是一项计算量非常大的工作。使用唯一决策类别可以让我们避免这个工作，直接计算下近似。新定义在语义上与传统定义相同，但是通过避免等价类结构，为计算这些近似提供了一种更有效的技术。我们将在下一节对提出的新定义进行详细讨论。

4.4.1 重新定义的下近似

基于下近似的传统粗糙集定义了一组的对象，这类对象可以确定归为概念“X”的成员。对于属性（s）$c \in C$ 和概念 X，下近似为

$$\underline{C}X = \{X \mid [X]_c \subseteq X\} \tag{4.13}$$

这个定义需要计算不可分辨关系，也就是等价类结构 $[X]_c$；其中，属于一个等价类的对象，相对于属性（s）$c \in C$ 中显示的信息而言是不可分辨的。根据粗糙集理论提出的下近似的概念，我们提出了一个全新的定义，如下所示：

$$\underline{C}X = \{\forall x \in U, c \in C, a \neq b \mid x_{\{c \cup d\}} \to a, x_{\{c \cup d\}} b\} \tag{4.14}$$

也就是说，概念“X”相对于属性集“c”的下近似是一组对象，从而对于对象的每一次出现，条件属性“c”的相同值始终可以得到相同的决策类别值。因此，如果一个对象出现了“n”次，则它们始终都可以得到相同的决策类别（对于相同的属性值）；这也意味着，对于一个属性的特定值而言，我们可以肯定地认为这个对象属于一个特定的决策类别。这与下近似的传统定义完全相等。

因此，所提出的定义在语义上与传统定义是相同的，但是从计算方面来说，它在计算下近似时更加便捷，因为避免了通过构造等价类结构来寻找属于正域的对象。它可以直接扫描数据集，并找到导致相同决策类别的对象，从而可以使用这个度量来提升算法表现。我们将使用表 4.16 作为样本，同时使用两种定义来计算下近似。

表 4.16 样本决策系统

U	a	b	c	d	Z
X_1	L	3	M	H	1
X_2	M	1	H	M	1
X_3	M	1	M	M	1
X_4	H	3	M	M	2
X_5	M	2	M	H	2
X_6	L	2	H	L	2

续表

U	a	b	c	d	Z
X_7	L	3	L	H	3
X_8	L	3	L	L	3
X_9	M	3	L	M	3
X_{10}	L	2	H	H	2

假设概念：$X=\{x|\ Z(x)=2\}$，也就是说，我们可以找到那些通过它们肯定可以得到决策类别“2”的对象。传统的定义需要三个步骤，如下所示。

第一步：计算属于概念 X 的对象。在我们的实例中，概念为 $X=\{x\ |Z(x)=2\}$。

因此，我们可以识别出属于这个概念的对象。在我们的实例中，即有

$$X=\{X_4,X_5,X_6,X_{10}\}$$

第二步：使用条件属性计算等价类。

在这里，为了方便起见，我们只考虑一个属性“b”，也就是 $C=\{b\}$。因此，可以使用属性“b”计算等价类，在我们的实例中，即有

$$[X]_c=\{X_1,X_4,X_7,X_8,X_9\}\{X_2,X_3\}\{X_5,X_6,X_{10}\}$$

第三步：确定属于下近似的对象。

在这一步中，就所考虑的属性而言，我们实际上找到的对象就属于概念的下近似。从数学上来说，这一步需要从$[X]_c$中找到对象，而$[X]_c$正是 X 的一个子集，也就是有 $\{[X]_c\subseteq X\}$。在我们的实例中，即有

$$\underline{C}X=\{[X]_c\subseteq X\}=\{X_5,X_6,X_{10}\}$$

利用所提出的定义，我们即可构造下近似，而无需使用等价类结构。我们可以在给定概念下，直接找到对于属性的当前值，始终可以得到相同决策类别（概念）的对象。

在实例中，我们只需要选择一个对象，并且确定对于相同的属性值，它是否可以得到其他的决策类别。我们发现，对象 X_5、X_6 和 X_{10}始终都是得到相同的决策类，也就是考虑属性“b”的概念。另一方面，对象 X_2 和 X_3 则不会得出概念 X，所以它们不是下近似的一部分。类似可得，对象 X_1、X_4、X_7、X_8 和 X_9 的一些出现也得到了不同于 X 的决策类别，所以它们也不属于下近似。因此，现在可以肯定地说，对象 X_5、X_6 和 X_{10}属于下近似。

如前所述，这两个定义在语义上是相同的，但从计算的角度来说，提出的定义更加高效，因为它不需要构造等价类结构。通过确认对象是否始终可以得到考虑中的相同决策类别，它可以直接计算属于下近似的对象。使用这种技术直接计算下近似，可以省去复杂的等价类结构计算，从而提高算法的效率。另一方面，使用传统定义进行计算则需要前一节所讨论的三个步骤。对于使用这个度量的算法来说，执行这些步骤成为一个显著的性能瓶颈。

4.4.2 重新定义的上近似

上近似定义了一组对象，而根据属性(s)$c\in C$ 中包含的信息而言，这些对象只能被划分为 X 的可能成员。对于属性(s)$c\in C$ 和概念 X，上近似为

$$\overline{C}X=\{X\mid[X]_B\cap X\neq 0\}$$

也就是说，相对于属性(s)c 中包含的信息而言，上近似是一组可能属于概念 X 的对象。

根据相同的概念，可以提出上近似的全新定义，如下所示：

$$\overline{C}X=\underline{C}X\cup\{\forall x\in U,c\in C,a\neq b\mid x_{\{c\}}\rightarrow a,x'_{\{c\}}\rightarrow b\}$$

这个定义的读取方式如下所述。

假设对象 x 和 x'对于属性 c 来说是不可分辨的，如果它们属于下近似，或者它们至少有一次的出现得到了属于概念 X 的决策类别，那么，它们将是上近似的一部分。因此，在属性值相同的条件下，如果对象 x 和 x'的出现得到了不同的决策类别，那么，它们就属于上近似。例如，在表 4.16 中，在属性“b”的值相同的条件下，对象 X_1、X_4、X_7、X_8 和 X_9 得到了不同的决策类别。所以它们都是概念 $Z=2$ 的上近似的可能成员。

与重新定义的下近似一样，所提出的上近似定义在语义上与传统的上近似是相同的。但是，它可以帮助我们直接计算属于上近似的对象，而不需要计算底层的等价类结构。

与传统的下近似定义一样，计算上近似也需要三步。我们再次使用表 4.16 作为样本，同时使用这两种定义来计算上近似。假设概念：$X=\{x\mid Z(x)=2\}$，如下近似实例所示相同。

第一步：计算属于概念 X 的对象。在我们的实例中，概念为 $X=\{x\mid Z(x)=2\}$。

在之前的实例中，我们已经进行了这一步，并根据决策类别计算得出了属于概念 X 的对象。因此，有

$$X=\{X_4,X_5,X_6,X_{10}\}$$

第二步：使用条件属性计算等价类。

这一步也已经进行过了，根据考虑的属性“b”可以识别属于 $[X]_c$的对象，如下所示：

$$[X]_c=\{X_1,X_4,X_7,X_8,X_9\}\{X_2,X_3\}\{X_5,X_6,X_{10}\}$$

第三步：确定属于上近似的对象。

在这一步中，我们将计算属于下低近似的对象。这个步骤是通过识别 $[X]_c$ 中与属于概念 X 的对象存在非空交互作用的对象而进行计算的。这一步的目的是识别所有对象，这些对象中至少有一个实例可以得到属于概念 X 的决策类别。从数学上来说，$[X]_c\cap X\neq 0$。在我们的实例中，即有

$$\overline{C}X = \{X_1, X_4, X_7, X_8, X_9\}\{X_5, X_6, X_{10}\}$$

提出的上近似定义省却了计算不可分辨关系的大计算量步骤。它只是使用属性 c 扫描整个数据集以寻找概念 X，并找到所有不可分辨的对象，从而确保它们的任何出现都属于概念 X。在我们的实例中，对象 X_1、X_4、X_7、X_8 和 X_9 是不可分辨的，并且它们的至少一次出现得到了概念 $Z=2$。对象 X_2 和 X_3 也是不可分辨的，但是它们的出现都无法得到所需概念，所以它们不是上近似的一部分。对象 X_5、X_6 和 X_{10}属于下近似，所以它们也是上近似的一部分。按照这种技术使用所提出的定义，我们找到了属于上近似一部分的对象，如下所示：

$$\overline{C}X = \{X_1, X_4, X_7, X_8, X_9\}\{X_5, X_6, X_{10}\}$$

这与使用传统技术得到的结果相同。

从语义上来说，所提出的上近似定义与传统定义相同，也就是说，它得到的对象，与可能被归为概念 X 成员的对象相同。在计算这些对象时，却不需要计算等价类。因此，所提出的技术在计算上更加省事，所以使用所提出技术可以提升算法性能。在另一方面，传统定义还是需要三个步骤（如上所述）才能计算上近似，这就带来了计算方面的问题。

如果现实世界中的一个问题变得非常复杂，以至于你无法判定一个问题是真的还是假的，或者你无法预测一个陈述的准确性是 1 还是 0，在这种情况下，我们说它的概率是不确定的。一般来说，我们通过概率来解决问题；但是，当你得到一个系统，并且其中所有的元素都是模糊且不清楚的，那么，我们就应该使用模糊理论来处理这样的系统。模糊的意思是不明确，也就是不清楚的东西。

那么，模糊集和明确集之间的区别是什么呢？我们可以用一个简单的论证来进行解释。如果某件事情可以使用是或者否来回答，那么，它的意思是明确的，如水是无色的吗？很明显，答案是“是”，所以这个表述就是很明确的。但是这个表述又该如何：约翰诚实吗？现在，你不能准确地回答这个问题，因为有人会认为约翰更诚实，而另一些人会认为他不诚实等。因此，这个表述不是明确的，而是模糊的。

现在，我们的问题是：为什么会出现模糊情况？它产生的原因是：我们只了解问题的部分信息，或者由于信息不是完全可靠的或者陈述语句中固有的不精确性，因此我们会说问题是模糊的。

4.5 小　　结

在这一章中，我们提出了粗糙集理论的一些前沿概念，我们对模糊概念的三种高级形式进行了讨论，即下近似、上近似和相关性。在此基础上，提出了模糊集理论以及粗糙集理论与模糊集杂合理论的一些基本概念。

参考文献

1. Lingras P, Jensen R (2007) Survey of rough and fuzzy hybridization. In: 2007 IEEE International Fuzzy Systems Conference. IEEE
2. Sarkar M (2000) Fuzzy-rough nearest neighbors algorithm. In: 2000 IEEE International Conference on Systems, Man, and Cybernetics, vol 5. IEEE
3. De Cock M, Cornelis C (2005) Fuzzy rough set based web query expansion. In: Proceedings of Rough Sets and Soft Computing in Intelligent Agent and Web Technology, International Workshop at WIIAT2005
4. Jensen Richard, Shen Qiang (2005) Fuzzy-rough data reduction with ant colony optimization. Fuzzy Sets Syst 149(1):5–20
5. Hu Qinghua, Daren Yu, Xie Zongxia (2006) Information-preserving hybrid data reduction based on fuzzy-rough techniques. Pattern Recogn Lett 27(5):414–423
6. Dubois Didier, Prade Henri (1990) Rough fuzzy sets and fuzzy rough sets. International Journal of General System 17(2–3):191–209
7. Jensen R, Shen Q (2008) Computational intelligence and feature selection: rough and fuzzy approaches, vol 8. Wiley
8. Raza MS, Qamar U (2016) An incremental dependency calculation technique for feature selection using rough sets. Inf Sci 343:41–65
9. Raza MS, Qamar U (2018) Feature selection using rough set-based direct dependency calculation by avoiding the positive region. Int J Approx Reason 92:175–197
10. Al Daoud E (2015) An efficient algorithm for finding a fuzzy rough set reduct using an improved harmony search. Int J Mod Educ Comput Sci 7(2):16
11. Raza MS, Qamar U (2016) Feature selection using rough set based dependency calculation. Phd Dissertation, National University of Science and Technology

第 5 章 基于特征选择技术的粗糙集理论

粗糙集理论已经成功地应用于特征选择。粗糙集理论提供的基本概念能够通过消除冗余特征来帮助寻找有代表性的特征。在本章中，我们将讨论各种基于粗糙集理论概念的特征选择技术。

5.1 快速约简

在快速约简（Quick Reduct，QR）[1]中，作者试图建立一个不会穷尽地生成所有可能子集的前向特征选择机制。这个算法从一个空集开始，然后逐个增加属性，从而使得相关性可以最大程度地增加。这个算法一直持续，直到达到最大相关性值。增加每个属性之后计算相关性关系，如果这个属性导致相关性关系有了最大程度的增加，则保留这个属性。如果在任何阶段，选定属性集的值与整个数据集的值相等，则算法就会结束，并以当前所选子集作为约简。图 5.1 给出了算法的伪代码。

```
QUICKREDUCT(C, D)
C, The set of all conditional features      //条件属性集
D, The set of decision features             //决策属性集
      1)R←{}
      2)do
      3)T←R
      4)∀x∈(C-R)
      5)Ifγ_RU{x}(D)>γ_T(D)
      6)T←RU{x}
      7)R←T
      8)untilγ_R(D)==γ_C(D)
      9)Output R
```

图 5.1 摘自参考文献［1］的快速约简算法

算法使用基于正域的技术，在第 5 步和第 8 步计算相关性。但是，使用基于正域的相关性度量需要三个步骤，也就是使用决策属性计算等价类，使用条件属性计算相关性类别，最后计算正域。从计算上来说，使用这三个步骤的计算量可能会非常大。

快速约简是最常见的基于粗糙集理论的特征选择算法之一，我们会使用一个例子以对其进行解释；但我们是不是应该先了解它是如何工作的？这个算法首先从一个空约简集 R 开始，然后使用一个循环计算每个属性子集的相关性关系。最

初，这个子集只包含一个属性。在每次迭代结束时，都可以找到最大相关性的属性子集，并将其视为约简集 R。在下一次迭代中，将前一个具有最大相关性的属性子集与条件属性集中的每一个属性相结合，从而再次找到一个具有最大相关性的子集。这个过程将继续进行，直到在任何阶段，找到一个相关性关系与整个条件属性集相等的属性子集为止。顺序如下所示。

（1）找到每个属性的相关性。

（2）找到具有最大相关性的属性，并将其视为 R。

（3）开始下一个迭代。

（4）将 R 与 $\{C\}-\{R\}$ 中的每个属性相结合。

（5）再次计算具有最大相关性的子集。

（6）现在 R 包含两个属性。

（7）再次将 R 与 $\{C\}-\{R\}$ 中的每个属性相结合。

（8）再次计算具有最大相关性的子集。

（9）现在 R 包含三个属性。

（10）重复整个过程，直至在任何阶段，R 的相关性 $=1$ 或者整个条件属性集的相关性。

我们现在使用一个例子对其进行解释。我们考虑以下数据集（表 5.1）。

表 5.1　样本决策系统

U	a	b	c	d	Z
X_1	L	3	M	H	1
X_2	M	1	H	M	1
X_3	M	1	M	M	1
X_4	H	3	M	M	2
X_5	M	2	M	H	2
X_6	L	2	H	L	2
X_7	L	3	L	H	3
X_8	L	3	L	L	3
X_9	M	3	L	M	3
X_{10}	L	2	H	H	2

这里，$C=\{a,b,c,d\}$ 是条件属性，而 $D=\{Z\}$ 是决策类别。

最初，$R=\{\phi\}$。将 R 与条件集中的每个属性结合起来，确定具有最大相关性的属性子集：

$$\gamma(\{R\cup A\},Z)=0.1$$

$$\gamma(\{R\cup B\},Z)=0.5$$

$$\gamma(\{R\cup C\},Z)=0.3$$

$$\gamma(\{R \cup D\}, Z) = 0.0$$

到目前为止，$\{R \cup B\}$ 让相关性出现了最大程度的增加，因此，$R = \{b\}$。现在，我们将 R 与除了 $\{b\}$ 之外的每个条件属性结合起来，可得

$$\gamma(\{R \cup A\}, Z) = 0.6$$

$$\gamma(\{R \cup C\}, Z) = 0.8$$

$$\gamma(\{R \cup D\}, Z) = 0.6$$

到目前为止，$\{R \cup C\}$ 让相关性出现了最大程度的增加，因此，$R = \{b, c\}$。现在，我们将 R 与除了 $\{b, c\}$ 之外的每个条件属性结合起来，可得

$$\gamma(\{R \cup A\}, Z) = 1.0$$

$$\gamma(\{R \cup D\}, Z) = 1.0$$

值得注意的是，$\{R \cup A\}$ 和 $\{R \cup D\}$ 让相关性的增加程度都是相同的，因此，算法将选择第一个，也就是 $\{R \cup A\}$，同时输出 $R = \{a, b, c\}$ 作为约简。在这里，我们发现这个算法有一个非常有趣的方面，也就是这个算法的性能也取决于条件属性的分布。为了优化特征选择过程，快速约简存在许多不同的版本。其中一个是逆约简（RR）[1]，另外一个是加速快速约简[2]。

逆约简[1]是一种属性约简策略，但是与前向特征选择机制相比，它采用了后向消去的技术。这个算法首先将整个条件属性集考虑为约简。然后，它每次删除一个属性并计算相关性关系，直至不可能继续删除任何属性而不会产生不一致性。这个算法遇到的问题与快速约简所面临的问题相同。使用基于正域的相关性度量，同样不适合较大的数据集。

另一方面，在加速快速约简中，属性是按照相关性程度的顺序进行选择的。这个算法首先计算每个条件属性的相关性，然后选择相关性最大的属性。如果两个或者两个以上的属性具有相同的相关性程度，那么将两者结合起来，并再次计算相关性程度，然后将这个值与前一个值进行比较。如果条件变为“false”，则一同选择这个属性与下一个相关程度最高的值，并重复此过程，直到条件变为“true”。加速快速约简算法的伪代码如图 5.2 所示。

```
Accelerated Quickreduct(C, D)
C: c1,c2,…,cn, the set of all conditional features      //条件属性集
D: d, a decision features                                //决策属性
a) R←{}
b) γprev = 0, γbest = 0
c) Do
d) T←R
e) γprev = γbest
f) Compute γi, i = 1…n where γR(D) = card(POSR)(D)/card(U)POSR(D) = _RX
g) Select Max(γi) or(γj) where j ∈ {the set of all attributes which have the same
   highest degree of dependency}
h) if γRUX(D) > γprev(D)
i) T←RU{X}
```

```
j) γbest = γT(D)
k) R←T
l) until γbest = γprev
m) return R
```

图 5.2　加速快速约简[2]

5.2　基于粒子群优化的混合特征选择算法

在参考文献［3］中，汉娜等提出了一种基于粒子群优化（Particle Swarm Optimization，PSO）和粗糙集理论的有监督混合特征选择算法。这个算法不需要穷尽地生成所有可能的子集。这个算法首先从一个空集合开始，然后逐个增加属性。它构造了一个在 S 维空间中具有任意位置和速度的粒子群。然后，在问题空间中，这个算法会使用基于粗糙集理论的相关性测度计算每个粒子的适应度函数。选择相关性最高的特征，构造所有其他特征与这个特征的组合。这类组合中的每一个组合的适应度都被选定。如果这个粒了的适应度值优于前一个最佳值（pbest），则选择这个粒子作为最佳值。它的位置和适应度会被保存起来。然后将当前粒子的适应度与整体的前一个全局最佳适应度（gbest）进行比较。如果它优于全局最佳适应度，则全局最佳适应度位置就被设定为当前粒子的位置，并更新全局最佳适应度。这个位置表示到目前为止遇到的最佳特征子集，这个位置将被存储在 R 中。然后算法会更新每个粒子的速度和位置。这个过程一直继续，直至满足停止条件，这是正常情况下的最大迭代次数。通过这个算法，可以根据对决策属性的相关性程度，计算得出各个属性子集的相关性程度，然后选择最优粒子。这个算法使用了基于正域的相关性测度，这是对快速约简算法的改进。

每个粒子的速度用从 1 到 V_{max} 的正数进行表示。它表示一个粒子应当改变多少字符，才能与全局最佳位置相同。两个粒子之间字符数的差异表示它们的位置之间的差异，例如，如果 $pbest=[1,0,1,1,1,0,1,0,0,1]$，$X_i=[0,1,0,0,1,1,0,1,0,1]$，则 $pbest$ 与 X_i 之间的差异为 $pbest-X_i=[1,-1,1,1,0,-1,1,-1,0,0]$。“1”表示与全局最佳位置进行相比应当选择这个字符（每个“1”表示特征存在，而“0”则表示不存在），“-1”表示不选择这个字符。在速度更新之后，下一个任务就是使用新的速度来更新位置。如果新的速度为 V，则当前粒子与全局最佳适应度之间的不同字符的数量为 xg，则位置更新应当按照以下条件进行。

（1）$V \leqslant xg$。在这种情况下，不同于全局最佳适应度的随机量 V 字符会被改变。因此，这个粒子就会在保持探测能力的同时，向着最佳位置移动。

（2）$V>xg$。在这种情况下，除了与全局最佳适应度相同的字符之外，其他的（$V-xg$）字符也会随机改变。因此，在粒子在达到全局最佳位置之后，它还会继续向其他方向移动一段距离，这就赋予了粒子进一步的探测能力。

图 5.3 显示了粒子群优化 - 快速约简算法的伪代码。

```
Input: C, the set of all conditional features,
       D, the set of decision features,
Output: Reduct R

Step 1: Initialize X with random position V_i with random velocity
∀:X_i←randomPosition();
V_i←randomVelocity();
Fit←0;globalbest←Fit;
Gbest←X_1;Pbest(1)←X_1
For i = 1…S
pbest(i) = X_i
Fitness(i) = 0
End For

Step2: While Fit ! = 1      //停止条件
For i = 1…S      //对每一个粒子
∀:X_i;
//Compute fitness of feature subset of X_i
∀x∈(C-R)
γ_RU(X)(D) = |POS_RU(X)(D)| / |U|
Fit = γ_RU(X)(D) ∀xcR,γ_x(D)≠γ_c(D)
End For

Step 3: Compute best fitness      //计算最优适应度
For I = 1:S
If(Fitness(i) > globalbest)      //若当前适应度大于全局最优适应度
globalbest←Fitness(i);      //全局最优适应度更新为当前适应度
gbest←X_i;
getReduct(X_i)
Exit
End if
End For
UpdateVelocity();      //更新 X'_is 的速度 V'_is
UpdatePosition();      //更新 X'_is 的位置
继续进行下一轮迭代
End {while}
Output Reduct R
```

图 5.3　选自参考文献 [3] 的粒子群优化–快速约简算法

5.3 遗传算法

在参考文献 [4] 中，作者提出了一种基于粗糙集的遗传算法（遗传算法）以进行特征选择。将所选特征集提供给人工神经网络分类器，以进行进一步分析。这个算法使用了基于正域的相关性测度，并将其所提出系统中产生的候选项的适应度。所提出的系统使用基于粗糙集理论的每个染色体的特征相关性值来确定高性能的最优约简。定义停止判据的公式如下所示：

$$k = \gamma(C,D) = \frac{|\mathrm{POS}_C(D)|}{|U|} \geqslant \alpha$$

等于或者大于这个标准的候选项将被视为结果。可以使用下面的公式来计算添加到解中的解添加类型：

$$\mathrm{RSC}\% = 100\% - (\mathrm{BSC}\% + \mathrm{WSC}\%)$$

式中：RSC 为随机选定染色体（Random Selected Chromosomes）；BSC 为最佳解候选项（Best Solution Candidates）；WSC 为最差解候选项（Worst Solution Candidates）。

每个代池中的代数为 $2n$，其中“n”是用户定义的参数，用户可以对其进行更改以获得最佳性能并指定代数。在所提出的版本中，共有 $2n(2,4,6,\cdots,n)$ 代会被随机初始化，以用于生成下一代。最后的 $2n(4,6,8,\cdots)$ 代被用于构建基因库，以确定用于交叉算子和变异算子的中间区域。

对于交叉算子而言，采用基于顺序和部分匹配的交叉技术。在基于顺序的技术中，从父代染色体中选择随机数量的解点。在第一个染色体上，选定的基因保留在原来位置不变；在第二个染色体上，选定的基因将位于第一个染色体的旁边，并占据相应的位置进行交叉。基于顺序的交叉技术如图 5.4 和图 5.5 所示。图 5.4 显示了选定染色体，图 5.5 显示了合成染色体。

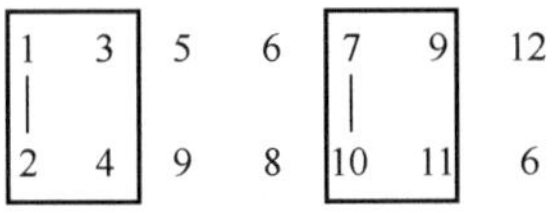

1	3	5	6	7	9	12
2	4	9	8	10	11	6

图 5.4　基于顺序的交叉技术的选定染色体

1	2	5	6	7	10	12
2	1	9	8	10	7	6

图 5.5　使用基于顺序的交叉算子之后得到的合成染色体

在部分匹配法（Partially Matched Method，PMX）中，随机选取两个交叉点进行匹配选择，这时就会发生横位交换。这个技术也称为部分映射交叉，因为父代是相互映射的。图 5.6 和图 5.7 给出了部分映射交叉法的过程。

1 2 3 | 5 4 6 7 | 8 9

4 5 2 | 1 8 7 6 | 9 3

图 5.6　部分映射交叉法的选定染色体

对于变异算子而言，使用反演和双变变异算子。在反演法中，通过确定染色体上的两个点以随机选择一个子链，基因就会在选定的两个点之间反演；而在相邻两次输入改变变异法中，则是选择相邻的两个基因，然后反演基因的位置。图 5.8和图 5.9 显示了这两种变异技术。

8 1 2 | 5 4 6 7 | 9 3

5 2 3 | 1 8 7 6 | 4 9

图 5.7　使用交叉算子之后得到的染色体

2 5 6 | 8 10 12 14 | 15 17

2 5 6 | 14 12 10 8 | 15 17

图 5.8　反演算子法

2 5 6 [8 10] 12 14 15 17

2 5 6 [10 8] 12 14 15 17

图 5.9　相邻双变变异法

5.4　增量特征选择算法

钱等在参考文献［5］中提出了一种用于特征子集选择的增量特征选择算法（Incremental Feature Selection Algorithm，IFSA）。这个算法从一个原始特征子集 P 开始。然后逐步计算新的相关性函数，并评估 P 以确定它是否是所需的特征子集。如果通过 P 得到的全新相关性函数与通过整个特征集得到的相关性函数相同，则 P 也是一个全新的特征子集；否则，根据 P 计算得出一个全新的特征子集。算法逐步从 C 到 P 中选取重要度最高的特征，并将其增加到特征子集之中。在最后阶段，算法会删除冗余特征，以保证最优特征子集输出。最后，删除冗余特征，以保证冗余删除步骤的输出最优。所提出的解决方案会对特征重要度进行比较，从而选择保留的特征。这个算法使用以下定义来度量属性的重要度。

定义 1　设 $DS=(U,A=C\cup D)$ 是一个 $B\subseteq C$ 和 $a\in B$ 条件下的决策系统。属性“a”的重要度由 $\mathrm{sig}_1(a,B,D)=\gamma B(D)-\gamma_{B-\{a\}}(D)$ 定义。

如果 $\mathrm{sig}_1(a,B,D)=0$，则特征“a”可以删除，否则应当保留。

定义 2　设 $DS=(U,A=C\cup D)$ 是一个 $B\subseteq C$ 和 $a\notin B$ 条件下的决策系统。属性“a”的重要度由 $\mathrm{sig}_2(a,B,D)=\gamma B\cup\{a\}(D)-\gamma B(D)$ 定义。

图 5.10 显示这个算法的伪代码。

```
Input A decision system DS = (U,A = C∪D), the original feature subset Red, the orig-
inal position region γc(D), and the adding feature set C_ad or the deleting feature
set C_de, where C_ad ∩ C = ∅, C_ad ⊆ C;
Output A new feature subset Red.
```

```
Begin
1) Initialize P←Red;
2) If a feature set C_ad is added into the system DS.
3) Let C'←C∪C_ad;
4) Compute the equivalence classed U/C' and γc'(D);    //根据 3.3.9 节相关性定义
5) for i = 1 to | C_ad | do
6) compute sig1(c_i,C_ad,D);
7) if sig1(c_i,C_ad,D) >0, then P←P∪{c_i};
8) end for
9) if γp(D) =γc(D), turn to Step 25; else turn to Step 16;
10) End if
11) If a feature set C_de are deleted from the system DS;
12) LetC'←C - C_de;
13) if C_de∩P =∅, turn to step 25; else P←P - C_de and turn to step 14;
14) Compute the equivalence classed U/C' and γc'(D);    //根据 3.3.9 节相关性定义
15) End if
16) For ∀c∈C' - P, construct a descending sequence by sig2(c,P,D), and record the
result by{c'_1,c'_2,…,c'| C' - P |};
17) While (γp(D)≠γc'(D)) do
18) for j = 1 to | C' - P | do
19) select P←P∪{c} and compute γp(D);
20) End while
21) For each c_j ∈P do
22) compute sig1(c_j,P,D);
23) if sig1(c_j,P,D) =0, thenP←P - {c_j};
24) end for
25) Red'←P, return Red;
End
```

图 5.10 选自参考文献 [5] 的增量特征选择算法

5.5 使用鱼群算法的特征选择法

陈等人在参考文献 [6] 中提出了一种基于粗糙集的鱼群算法（Fish Swarm Algorithm，FSA）特征选择技术。在第一步中，这个算法使用每条鱼来构建初始鱼群、搜索食物，并表示一个特征子集。随着时间的推移，这些鱼会改变自己的位置来寻找食物，通过相互之间的交流来寻找一个局部和全局的最佳位置，以及食物密度最低的位置。在鱼群达到最大的适应度之后，它会因为粗糙集约简而死亡。在所有鱼群死亡之后，开始下一次迭代。这个过程将一直继续，直至它在连续三次迭代中得到了相同的约简或者满足最大迭代阈值为止。鱼群算法的流程如图 5.11 所示。

在使用鱼群算法进行特性选择之前，必须考虑以下一些基本概念。

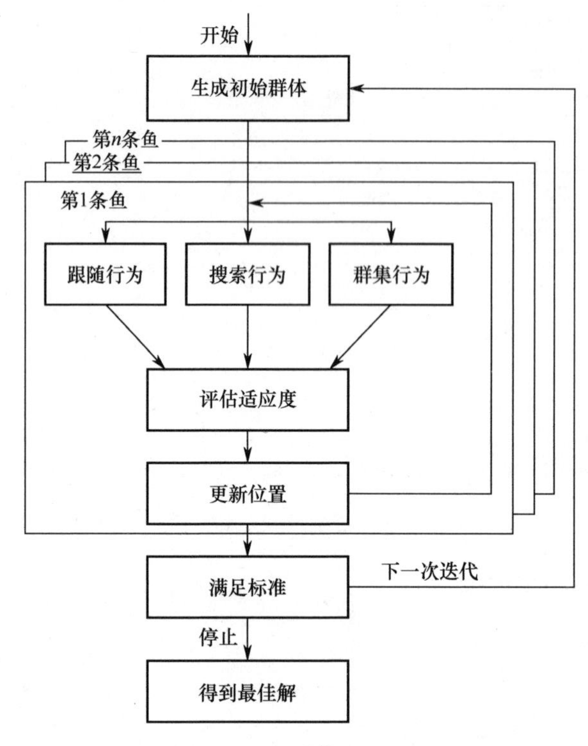

图 5.11　鱼群算法流程图

5.5.1　位置的表示

鱼的位置可以使用长度为 N 的二进制位串表示，其中 N 是特征的总数量。在一条鱼中，一个特征的存在可以用二进制位“1”表示，而一个特征的缺失则可以用“0”表示。例如，如果 $N=5$，则图 5.12 中所示的鱼群即表示数据集中第一、第三和第四个特征的存在。

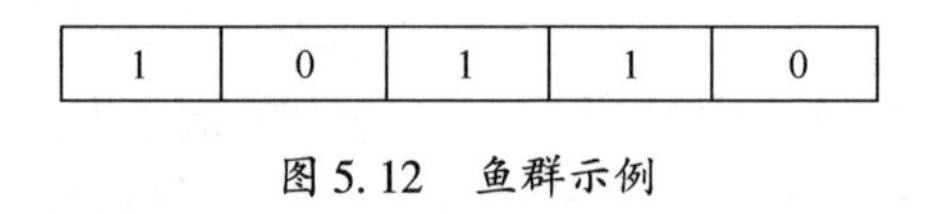

图 5.12　鱼群示例

5.5.2　鱼的距离和中心

假设使用 2 个字符的位串 X 表示两条鱼，使用 Y 表示这两条鱼的位置，使用 X XOR Y 计算代码间距，即字符串不同的位数。在数学上来说，可得

$$h(X,Y) = \sum_{i=1}^{N} x_i \oplus y_i$$

式中：“$\oplus$”是模 -2 加法；x_i，$y_i\{0,1\}$，变量 x_i 表示 X 中的二进制位。

5.5.3 位置更新策略

在每次迭代中，每条鱼都是从一个随机的位置开始的。鱼会按照搜索、聚集以及跟随行为改变它们的位置一步。作者使用适应度函数来评估所有这些行为。具有最大适应度值的行为将更新下一个位置。

5.5.4 适应度函数

算法中使用了以下适应度函数：

$$\text{Fitness} = \alpha \cdot \gamma_R(D) + \beta \cdot \frac{|C| - |R|}{|C|}$$

式中：$\gamma_R(D)$是决策属性“D”关于“R”的相关性；$|R|$ 是“1”字符在鱼群中的数量；$|C|$ 是数据集中特征的数量。

5.5.5 停止条件

当一条鱼达到最大适应度时，它就会通过粗糙集约简而死亡。当所有鱼都死亡之后，开始下一次迭代。如果连续三次迭代都达到最大迭代阈值，或者得到相同的特征约简的时候，算法就会停止。

5.6 基于快速约简和改进 Harmony 搜索算法的特征选择技术

因巴拉尼等人在参考文献［7］中提出了一种基于快速约简和改进 Harmony 搜索算法的特征选择技术（RS-IHS-QR）。这个算法模拟了音乐即兴创作过程，在这个过程中，每个音乐家通过寻找完美的和声状态，以使用他们的乐器进行即兴创作。在其达到最大迭代次数，或者找到一个具有最大适应度的和声向量时，这个算法就会停止。这个算法也是采用基于粗糙集的相关性测度作为目标函数，以度量和谐向量的适应度，这对于较大数据集来说又是一个性能瓶颈。

5.7 基于启发式和穷举算法的粗糙集理论的混合特征选择技术

在参考文献［8］中，作者提出了一种基于相对相关性的特征选择技术。他们的技术分为以下两个步骤。

步骤 1：确定初始特征子集的预处理程序。在这一步，基于实验目的，我们使用了遗传算法和粒子群算法。任何启发式算法都可以使用，如鱼群算法、ACO 等。

步骤 2：特征子集优化。这一步将通过删除不必要的特征，以对通过步骤 1

产生的初始解进行优化。在这一步中，任何穷举特征子集算法都可以使用。我们使用了一个基于相对相关性的技术，因为它可以避免计算量庞大的正域。

图 5.13 是所提出的解决方案的图示法。

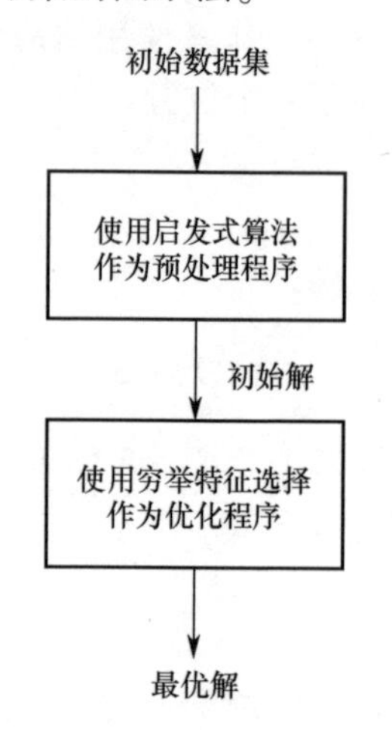

图 5.13　混合特征选择技术

混合特征选择技术改变了上述任何步骤中所用的算法的作用。启发式算法不再是用来寻找实际的约简集，而是用来寻找一个初始的约简集，然后再使用穷举搜索来对这个约简集进行精炼。我们将在下一节中对这些技术以及它们在混合技术中的作用进行简要介绍。

5.7.1　特征选择预处理程序

在提出的解决方案中，预处理是第一步，它可以为我们提供初始的候选约简集。在这一步中，我们使用的是启发式算法。其中的原因在于启发式算法可以帮助我们在最短的时间内找到初始特征子集，而不需要详尽地搜索整个数据集。

但是，启发式算法并不能保证得到最优解，因此，通过预处理得到的特征子集也可能包含不必要的特征，需要在优化步骤中删除这些特征。在这一步中，任何类型的启发式算法都是可以使用的。在本文中，我们使用了遗传算法和粒子群优化技术。下面是对这两种算法的简要描述，以及为提高计算效率所做的细微修改。

5.7.1.1　使用遗传算法进行预处理

遗传算法是一种基于启发式的算法，其中候选解是以染色体的形式部署。每条染色体都是由基因组成的。在特征子集选择的情况下，一个基因即代表一个属性的存在。遗传算法的完整详情可以参见参考文献［8-9］。下面是我们对这个算法细微修改的地方进行简要说明。

染色体编码：在传统的遗传算法中，染色体是由一组基因组成，而每一个基因都是随机选择的，并代表解的一部分。但是，我们已经避免了随机基因选择。相反，染色体的编码是按照数据集的所有属性都存在的形式进行；例如，如果数据集共有 25 个属性，那么特定的一代可能有 5 条染色体，每条染色体有 5 个基因，而每个基因则代表一个属性。进行这一步是基于以下两个原因。

（1）在遗传算法中，染色体规模的选择是一个难题。为了让遗传基因独立于规模，我们将所有的属性都编码为基因，从而确保只要选择了任何规模的染色体，所有的属性都会被检测。

（2）因为基因是随机选择的，所以有些属性有可能被略过。对所有属性进行编码就可以确保所有属性都能被测试。

注意：在所提出的混合技术中，任何其他编码方案也都可以使用。

交叉：基于算法的目的，我们使用了传统的一点交叉。但是，交叉是按照相对相关性程度递减的顺序而进行的。其中的原因是基于我们的观察结果，即假设有一个相对相关性较高的染色体 C_1，如果它与另一个相对相关性较高的染色体进行交叉，则所产生的后代的相对相关性要比如果 C_1 与相对相关性较低的染色体交叉得到的后代更高。使用上述交叉，则顺序更有可能产生相对相关性更高的后代，从而可以使得代数更少。

适应度函数：适应度函数是由当前染色体中基因所代表的属性的相对相关性而组成的。相对相关性使用参考文献［8］中所述公式计算。选择适应度最高的第一个染色体作为候选解。

5.7.1.2 使用粒子群算法进行预处理

我们还可以使用粒子群算法作为预处理程序。这是另一种基于群逻辑的启发式技术。粒子群中的一个粒子即代表一个潜在的候选解。每个粒子群都有一个用最佳值表示的局部最优。

这个算法会对所有粒子的适应度进行评估，具有最佳适应度的粒子即成为局部最佳粒子。在找到局部最优粒子之后，粒子群算法会尝试寻找全局最优粒子，即全局最佳适应度。全局最佳适应度粒子就是目前为止在整个粒子群中拥有最佳适应度的粒子。然后粒子群算法会根据每个粒子的位置及其与局部最优粒子的距离，尝试更新其位置和速度。这个算法可以使用基于粗糙集的传统相关性测度进行特征选择，如参考文献［11］中实现的那样，而每个粒子的适应度则是通过计算决策属性对条件属性集的相关性程度来衡量。

但是，我们对适应度函数进行了略微的修改，并使用相对属性相关性来替换了基于粗糙集的相关性测度。这样做的原因是：使用相对相关性测度可以避免计算量庞大的正域，从而提高算法的计算效率。在这个技术中，任何其他特征选择算法也都可以使用。

5.7.2 使用相对相关性算法对所选特征进行优化

预处理步骤得到了一个初始约简集。但是，由于基于启发式算法的固有特性，所选定的属性可能有许多不相关的属性。所以，我们使用相对相关性算法以对生成的约简集进行优化。在这个阶段应用相对相关性算法并不会降低性能，因为预处理程序已经减少了算法的输入集。这个算法会按照传统的方式评估约简集，并确定是否存在任何不相关的特征。

采用混合技术可以让我们同时利用这两种技术的优点，具体如下所示。

（1）使用启发式算法可以让我们在不进行穷尽搜索的情况下得到候选约简集，这可以减少计算时间，因此，所提出的技术就可以适用于平均数据集和大型数据集。

（2）使用相对相关性作为优化程序，可以避免计算量庞大的正域，而后者则无法使用传统的基于粗糙集的相关性测度来进行特征选择，较小数据集除外。

（3）在预处理之后使用相对相关性算法，可以让我们进一步优化生成的约简集。因此，这将是最低可能的属性集，这个集合可以被视为是最终所需的约简集。值得注意的一点是，相对相关性算法在这个阶段并不会影响执行时间，因为输入数据集已经通过步骤 1 而被减少了。

所提出的解决方案提供了一种独特而新颖的特征选择技术。不同于传统的特征选择算法，它同时提取了穷举式和启发式算法的优点，而不是单独使用它们。5.1 节中讨论的这两种搜索分类都有各自的优、缺点，如相对于其他分类技术来说，穷举式搜索在找到最优解方面是最好的技术，但是它需要大量的资源，所以问题空间更大时，它就变得完全不实用。因此，对于较大数据集的特征选择，穷举式搜索并不是一个好的选择。与其他穷举算法不同，本书所提出的解决方案使用其强度来优化最终结果，而不是直接在整个数据集上使用它。因此，在穷举式搜索算法中，不是使用整个属性集作为输入，而是给出一个已经是候选解的约简集。因此，不同于其他算法，穷举式搜索的作用被减少到仅用于优化已经找到的解，而并不是去寻找解。

另一方面，基于启发式的搜索无法深入地挖掘问题空间，以尝试每一个解。最终的结果是：它不能保证得到最优的结果集，如在使用遗传算法进行特征选择时，它可以在前 n 次迭代中找到最优的染色体，但是这个染色体是否代表了最小的特征集，你无法保证。但是，这个特性可以将基于启发式的技术用于更大的数据集。不同于其他特征选择技术，本文提出的技术使用启发式算法来寻找初始特征集，而不是最终的解决方案。因此，启发式算法的作用仅限于找到初始解而不是最终解，这使得所提出的解在更大的数据集中可以成为最佳选择。

综上所述，本文所提出的混合技术适用于在较大数据集的特征选择中寻找最优解。实验结果证明了我们所提出技术的高效性和有效性。

在参考文献［4］中，作者提出了一种基于碰撞试验搜索法（Hit and Trial

Search Method）的新型粗糙集特征选择技术。这个算法包括以下两个步骤。

（1）利用基于粗糙集的相关性测度随机选择属性，从输入数据集中构造特征向量。

（2）优化通过第一步得到的特征向量，删除不相关的特征，输出最优特征子集。

在这里，我们对每一个步骤进行详述。

步骤1：这个算法首先从输入特征空间中随机选择特征，以一个构造特征子集。数据集中的每个特征都有50%的概率被选择成为输出特征子集的一部分。这样做的原因是给予每个特征相同的机会。按照这种方式，特征向量SFV的规模就等于数据集中特征的总数；但是，使用“0”表示当前特征向量中并不存在的特征。因此，特征向量“0，2，0，4，0，6”表示包含特征数“2、4和6”，而特征数1、3和5则不属于这个特征向量。

这个算法使用基于粗糙集的相关性测度来确定特征向量之间的相关性关系。如果特征向量的相关性关系等于整个条件属性集的相关性关系，则表示这个特征向量包含了输出特征子集；否则，按照相同的机制计算出新的特征子集。

这个算法对构造特征向量进行了“n”次尝试，其中“n”可以是用户指定的数字，只要这个数字是任何合适的值。但是，在进行“n”次尝试之后，如果特征向量并没有形成，则选择相关性最大的特征向量。

步骤2：在第一步中构造的特征向量可能包含许多属性，一般来说，在这些属性之中通常只有少数符合输出特征子集，其余的都是不必要的特征。在这一步中，通过删除不必要的特征来优化特征向量。如果删除某一特征并不会影响其对剩余特征向量的相关性，那么，这个特征就是无关且非必要的特征[8]。

扫描整个特征向量，确定所有不相关的特征，从而确保在输出时可以生成最优的特征子集。

图5.14显示了所提出算法的伪代码。

```
C：C1,C2,…,Cn set of conditional attributes      //条件属性集
D：Decision attribute      //决策属性
a）do
b）Initialize Vi←{X1,X2,X3,…,Xn}
c）Until γ(V)=γ(C)
d）∀X∈Xv
f）if γ(V)=γ(V-{Xv})
g）V=V-{Xv}
h）Output V
```

图5.14　所提出的算法

图5.15显示了提出解决方案的图解示意图。

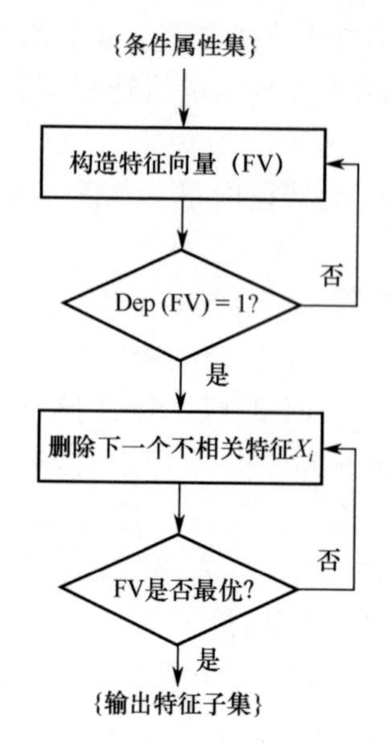

图 5.15　RFS 算法的流程图

我们现在使用一个简单的例子来解释所提出的解决方案。考虑表 5.2 中给出的数据集。

表 5.2　样本决策系统

U	A	b	c	d	e	Z
1	L	J	F	X	D	2
2	M	K	G	Y	E	2
3	N	J	F	X	E	1
4	M	K	H	Y	D	1
5	L	J	G	Y	D	2
6	L	K	G	X	E	2

给定的决策共计包含 6 个对象和 5 个条件属性 $C=\{a,b,c,d,e\}$，其中“a”是第一个属性，“b”是第二个属性，以此类推。决策属性“Z”包含两个决策类别，也就是 1 和 2。

根据给定的数据集可知

$$\gamma(C)=1.0$$

假设算法首先构建第一个特征向量：

$$\boldsymbol{V}=\{a,b,0,d,0\}$$

也就是特征“a”“b”和“d”包括在内。现在可得

$$\gamma(\boldsymbol{V})=0.4$$

由此可见，$\gamma(\boldsymbol{V})\neq\gamma(C)$，所以这个特征向量并不包含特征子集，因此我们

现在构建一个新的特征向量。

这一次，假设算法构建以下特征向量：

$$\boldsymbol{V}=\{a,0,c,d,0\}$$

也就是特征“a”“c”和“d”包括在内。现在可得

$$\gamma(\boldsymbol{V})=1.0$$

因为这个特征向量的相关性为“1.0”，所以它包含特征子集。这时，算法的第一步就完成了，特征向量$\{a,c,d\}$就是选定的特征子集。

第二步，我们现在将通过删除不相关的特征来优化这个特征向量，即

$$\gamma(\boldsymbol{V})-\gamma(\boldsymbol{V}-\{d\})=1.0-1.0=0$$

这表示，从特征向量中移除特征“d”并不影响相关性，所以它是不相关特征，可以被删除。因此，特征向量包含的属性为$\{a,c\}$。现在可得

$$\gamma(\boldsymbol{V})-\gamma(\boldsymbol{V}-\{c\})=1.0-0.4=0.6$$

也就是说，删除特征“c”会降低相关性，因此，“c”是不可缺少的特征，无法被删除。

接下来，我们考虑一下删除特征“a”，即

$$\gamma(\boldsymbol{V})-\gamma(\boldsymbol{V}-\{a\})=1.0-0.4=0.6$$

再次证明，特征“a”是不可缺少的特征，无法被删除。所以，我们的最终特征子集包括以下特征：

$$\boldsymbol{V}=\{a,c\}$$

本文提出的特征选择技术是一种不需要使用任何复杂算子的全新特征选择技术。下面是所提出技术的一些优点。

（1）文献中应有很多基于随机特征选择的技术，例如遗传算法、基于粒子群的技术、基于鱼群的技术等。按照这种方式进行特征选择可以避免进行穷举式搜索，但它的一个主要缺点是不能提供最优解，因为得到的输出子集中可能也包含许多被选定但不相关的特征。这个技术可以删除不相关特征，从而保证以最优的特征子集作为输出。

（2）这个算法不使用任何复杂的算子，例如遗传算法中的变异、交叉以及粒子群算法和鱼群算法中的局部最优与全局最优等，这就使得算法的性能要比这些技术有所提高。

5.8 使用随机特征向量的粗糙集特征选择技术

在参考文献［10］中，作者提出了一种基于随机特征向量选择技术（FSRFV）的全新粗糙集特征选择技术。这个算法包括以下两个步骤。

（1）利用基于粗糙集的相关性测度随机选择属性，从输入数据集中构造特征向量。

（2）优化通过第一步得到的特征向量，删除不相关的特征，输出最优特征子集。

在这里，我们对每一个步骤进行详述。

步骤1：这个算法首先从输入特征空间中随机选择特征，以一个构造特征子集。数据集中的每个特征都有50%的概率被选择成为输出特征子集的一部分。这样做的原因是给予每个特征相同的机会。按照这种方式，特征向量SFV的规模就等于数据集中特征的总数；但是，使用“0”表示当前特征向量中并不存在的特征。因此，特征向量“0，2，0，4，0，6”表示包含特征数“2、4和6”，而特征数1、3和5则不属于这个特征向量。

然后，这个算法使用传统的相关性测度来确定特征向量之间的相关性关系。如果特征向量的相关性关系等于整个条件属性集的相关性关系，则表示这个特征向量包含了输出特征子集；否则，应当按照相同的机制计算出新的特征子集。

这个算法对构造特征向量进行了“n”次尝试，其中“n”可以是用户指定的数字，只要这个数字是任何合适的值。但是，在进行“n”次尝试之后，如果特征向量并没有形成，则选择相关性最大的特征向量。

步骤2：在第一步中构造的特征向量可能包含许多属性，一般来说，在这些属性之中通常只有少数符合输出特征子集，其余的都是不必要的特征。在这一步中，通过删除不必要的特征来优化特征向量。如果删除某一特征并不会影响其对剩余特征向量的相关性，那么，这个特征就是无关且非必要的特征[26]。

扫描整个特征向量，确定所有不相关的特征，从而确保在输出时可以生成最优的特征子集。图5.16显示了所提出算法的伪代码。

```
C：C1,C2,…,Cn set of conditional attributes     //条件属性集
D：Decision attribute      //决策属性
a) do
b) Initialize Vi←{X1,X2,X3,…,Xn}
c) Until γ(V) =γ(C)
d) ∀X∈Xv
e) if γ(V) =γ(V - {Xv})
f) V =V - {Xv}
g) Output V
```

图5.16　所提出的基于随机特征向量选择技术算法

我们现在使用一个简单的例子来解释所提出的解决方案。考虑表5.2中给出的数据集。

给定的决策共计包含6个对象和5个条件属性$C = \{a,b,c,d,e\}$，其中“a”是第一个属性，“b”是第二个属性，以此类推。决策属性“Z”包含两个决策类别，也就是1和2。

根据给定的数据集可知

$$\gamma(C)=1.0$$

假设算法首先构建第一个特征向量：

$$\boldsymbol{V}=\{a,b,0,d,0\}$$

所以特征“a”“b”和“d”包括在内。现在可得

$$\gamma(\boldsymbol{V})=0.4$$

由此可见，$\gamma(\boldsymbol{V})\neq\gamma(C)$，所以这个特征向量并不包含特征子集，因此我们现在构建一个新的特征向量。

这一次，假设算法构建以下特征向量：

$$\boldsymbol{V}=\{a,0,c,d,0\}$$

所以特征“a”“c”和“d”包括在内。现在可得

$$\gamma(\boldsymbol{V})=1.0$$

因为这个特征向量的相关性为“1.0”，所以它包含特征子集。这时，算法的第一步就完成了，特征向量$\{a,c,d\}$就是选定的特征子集。

第二步，我们现在将通过删除不相关的特征来优化这个特征向量，即

$$\gamma(\boldsymbol{V})-\gamma(\boldsymbol{V}-\{d\})=1.0-1.0=0$$

这表示，从特征向量中移除特征“d”并不影响相关性，所以它是不相关特征，可以被删除。因此，特征向量包含的属性为$\{a,c\}$。现在可得

$$\gamma(\boldsymbol{V})-\gamma(\boldsymbol{V}-\{c\})=1.0-0.4=0.6$$

由此可见，删除特征“c”会降低相关性，因此，“c”是不可缺少的特征，无法被删除。

接下来，我们考虑一下删除特征“a”，即

$$\gamma(\boldsymbol{V})-\gamma(\boldsymbol{V}-\{a\})=1.0-0.4=0.6$$

再次证明，特征“a”是不可缺少的特征，无法被删除。所以，我们的最终特征子集包括以下特征：

$$\boldsymbol{V}=\{a,c\}$$

本文提出的特征选择技术是一种不需要使用任何复杂算子的全新特征选择技术。下面是所提出技术的一些优点。

(1) 文献中有很多基于随机特征选择的技术，例如遗传算法、基于粒子群的技术、基于鱼群的技术等。按照这种方式进行特征选择可以避免进行穷举式搜索，但它的一个主要缺点是不能提供最优解，因为得到的输出子集中可能也包含许多被选定但不相关的特征。这个技术可以删除不相关特征，从而保证以最优的特征子集作为输出。

(2) 这个算法不使用任何复杂的算子，例如遗传算法中的变异、交叉以及粒子群算法和鱼群算法中的局部最优与全局最优等，这就使得算法的性能要比这些技术有所提高。

相比于其他特征向量算法，该技术可以产生最优的结果。

5.9 基于启发式的相关性计算技术

在参考文献［11］中，拉扎等人提出了一种利用粗糙集理论进行特征选择的启发式技术。这个技术用于在数据集中寻找与每个决策类别相关的一致记录。这个技术通过避免正域来实现计算相关性，最终提高了基础特征选择算法的计算效率，从而使其也能够用于更大的数据集。为了使用所提出的技术计算相关性，作者使用了一个二维网格作为中间数据结构。

图 5.17 显示了所提出技术的流程图。

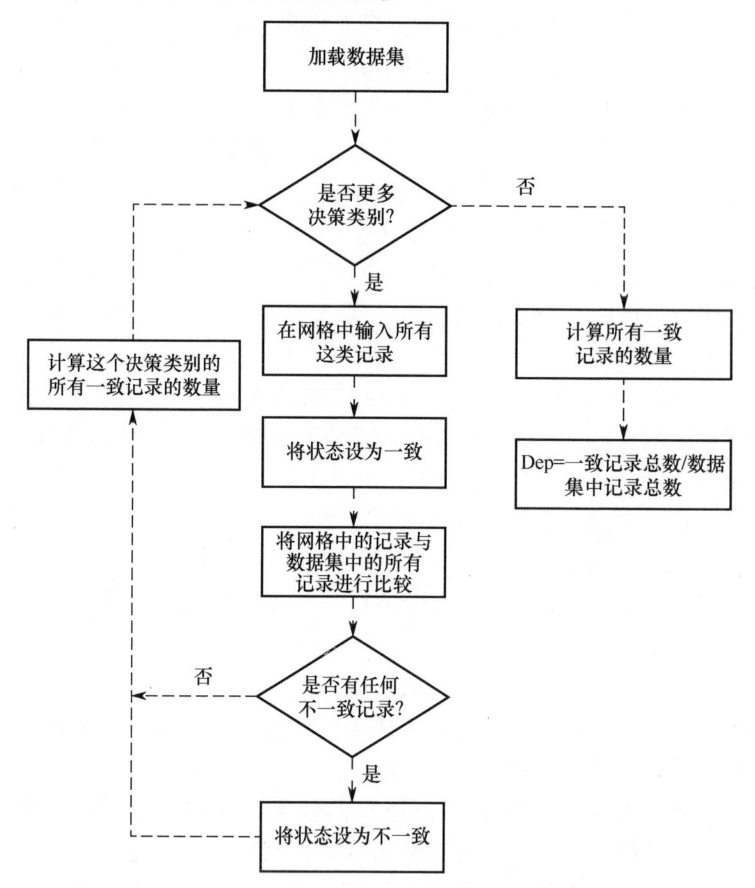

图 5.17　所提出的基于 HDC 的相关性计算法的流程图

5.10 特征选择的平行相关性计算技术

在参考文献［12］中，拉扎等人提出了一种用于特征选择的平行相关性计算技术。在粗糙集理论中，相关性测度是特征选择的主要标准，所以使用平行技术来计算相关性测度可以提高使用这个测度的基础算法的效率。

图 5.18 和图 5.19 显示了所提出技术的流程图。

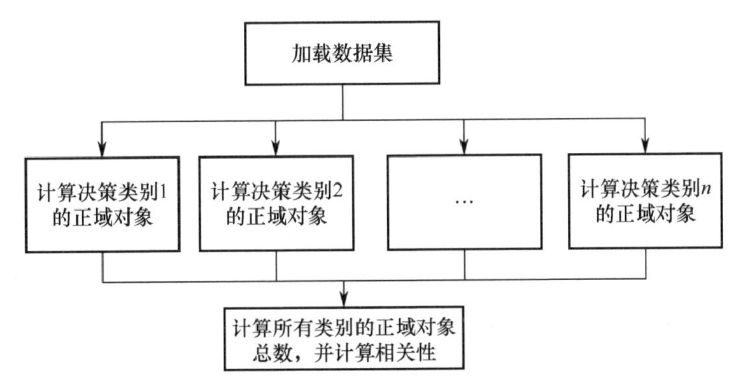

图 5.18　基于平行相关性计算技术的流程图

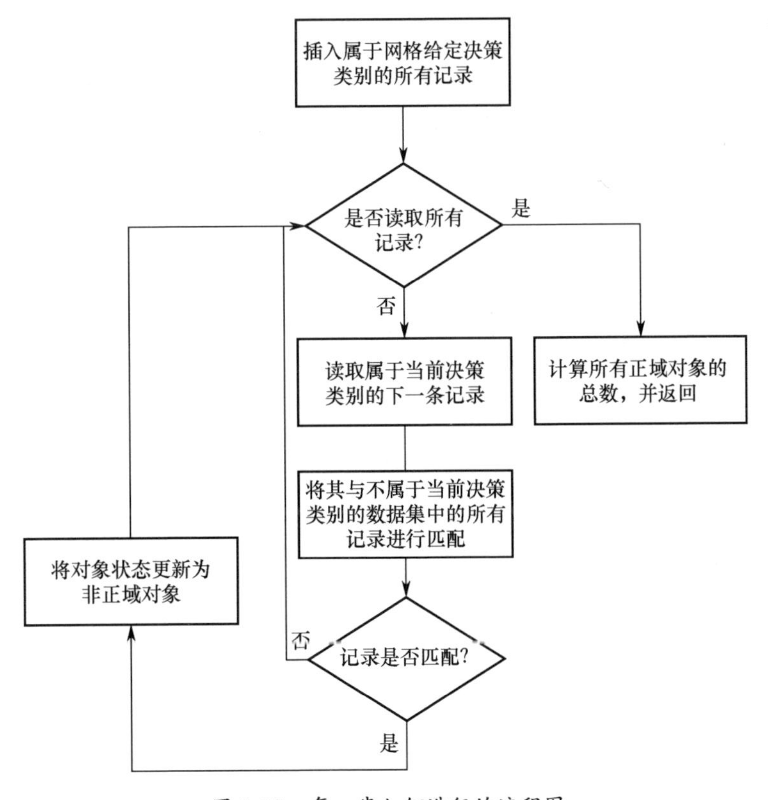

图 5.19　每一步如何进行的流程图

表 5.3 对目前为止所讨论的所有基于粗糙集的技术进行了总结。

表 5.3 基于粗糙集理论的相关算法

算法	所用技术	优点	缺点
用于医学诊断的基于粒子群算法和粗糙集的有监督混合特征选择[3]	粒子群优化（粒子群算法）以及基于粗糙集的相关性测度	粒子群优化算法是一种可以避免穷举式搜索的高级启发式算法	传统的相关性测度是性能瓶颈
基于粗糙集的基因算法[4]	传统的基于正域的相关性测度	基于随机性，所以算法只需几次尝试即可找到约简	使用传统的基于正域的相关性测度
使用快速约简法进行特征选择[1]	基于粗糙集的相关性测度	尝试计算约简，而无需详尽地生成所有可能的子集	使用传统的基于相关性的测度，计算非常耗时
反演约简[1]	基于粗糙集的相关性测度	使用后向消除，而无需详尽地生成所有可能的子集	使用传统的基于正域的技术来计算相关性
特征集变化时的决策系统特征选择的增量算法[5]	基于粗糙集属性重要度的增量特征选择	提出了数据集随时间而增加的动态系统的特征选择问题	使用传统的相关性测度来度量属性的重要性。度量重要性需要测量相关性两次，一次是带有属性，另一次则是不带属性
鱼群算法[6]	基于粗糙集相关性的鱼群特征选择技术	尝试使用鱼群逻辑来寻找粗糙集约简，即鱼群可以发现最佳的特征组合	传统的相关性测度再一次成为性能瓶颈
粗糙集改进和谐搜索快速约简[7]	基于粗糙集相关性的和谐搜索特征选择技术	将粗糙集理论与基于“改进和谐搜索”的算法相结合，并使用快速约简进行特征选择	使用传统的基于相关性的测度，计算非常耗时
基于粗糙集启发式相关性计算的特征选择[11]	启发式相关性计算	因为避免了计算正域而提升了性能	只能用于有监督特征选择
使用基于平行粗糙集的相关性计算进行高效特征选择[12]	平行相关性计算法	因为减少了执行时间而提升了性能	只能用于有监督特征选择

5.11 小　结

在本章中，我们介绍了基于粗糙集的正域特征选择算法及其替代技术。基于正域的技术使用传统的相关性测度，总共包括三个步骤，它可以度量被选为约简集的属性的适应度。然而，使用正域是一种计算量非常庞大的技术，这就使得这些技术不适用于较大的数据集。替代技术不使用正域。但是，这些技术的应用又只在较小的数据集上进行测试过，这就提出了它们是否适用于较大数据集的问题。

参考文献

1. Jensen R, Shen Q (2008) Computational intelligence and feature selection: rough and fuzzy approaches, vol 8. Wiley
2. Pethalakshmi A, Thangavel K (2007) Performance analysis of accelerated QuickReduct algorithm. In: International Conference on Computational Intelligence and Multimedia Applications, 2007, vol 2. IEEE
3. Inbarani HH, Azar AT, Jothi G (2014) Supervised hybrid feature selection based on PSO and rough sets for medical diagnosis. Comput Methods Programs Biomed113(1):175–185
4. Zuhtuogullari Kursat, Allahverdi Novruj, Arikan Nihat (2013) Genetic algorithm and rough sets based hybrid approach for reduction of the input attributes in medical systems. Int J Innov Comput Inf Control 9:3015–3037
5. Qian W, et al (2015) An incremental algorithm to feature selection in decision systems with the variation of feature set. Chin J Electron 24(1):128–133
6. Chen Yumin, Zhu Qingxin, Huarong Xu (2015) Finding rough set reducts with fish swarm algorithm. Knowl-Based Syst 81:22–29
7. Inbarani HH, Bagyamathi M, Azar AT (2015) A novel hybrid feature selection method based on rough set and improved harmony search. Neural Comput Appl 26(8):1859–1880
8. Raza MS, Qamar U (2016) A hybrid feature selection approach based on heuristic and exhaustive algorithms using Rough set theory. In: Proceedings of the International Conference on Internet of things and Cloud Computing. ACM
9. Raza MS, Qamar U (2017) Feature selection using rough set based heuristic dependency calculation. PhD dissertation, NUST
10. Raza MS, Qamar U (2016) A rough set based feature selection approach using random feature vectors. In: 2016 International Conference on Frontiers of Information Technology (FIT). IEEE
11. Raza MS, Qamar U (2018) A heuristic based dependency calculation technique for rough set theory. Pattern Recognit 81:309–325
12. Raza MS, Qamar U (2018) A parallel rough set based dependency calculation method for efficient feature selection. Appl Soft Comput 71:1020–1034

第 6 章　基于粗糙集理论的无监督特征选择

根据分类准确性，有监督特征选择对提供最大信息的特征进行评估。这需要标记的数据，但是在现实世界中，并不是所有的数据都被正确地标记了，所以我们可能会遇到只有很少或者没有提供分类信息的情况。对于这类数据，我们需要无监督特征选择信息，这些信息可以在没有给出任何分类标签的情况下找到特征子集。在本章中，我们将对一些基于粗糙集理论的无监督特征子集算法进行讨论。

6.1　无监督快速约简算法

在参考文献［1］中，作者提出了一种使用粗糙集理论的无监督快速约简算法（Unsupervised Quick Reduct Algorithm，USQR）。原始的有监督快速约简算法有两个输入，即条件属性集和决策属性集。但是无监督快速约简算法只有一个输入，即条件属性集。可是，就像现有的约简算法一样，它可以进行特征选择，而不需要详尽地生成所有可能的子集。

这个算法首先从一个空集开始，然后一个接一个地添加那些会导致相关性关系最大程度地增加的属性，直到产生最大可能的值。根据算法计算得出各个属性子集的平均相关性关系，从而选出最佳候选：

$$\gamma_p(a)=\frac{|\mathrm{POS}_p(a)|}{|U|},\forall a\in A$$

以下是算法的伪代码（图 6.1）。

```
USQR(C)
C, the set of all conditional features;   //条件属性集
1) R←{ }
2) do
3) T←R
4) ∀x∈(C-R)
5) ∀y∈C
6) γ_RU(x)(y) = |POS_RU(x)(y)| / |U|
7) if γ_RU(x)(y)‾, ∀y∈C > γ_r(y)‾, ∀y∈C
8) T←R∪{x}
9) R←T
10) until γ_R(y)‾, ∀y∈C > γ_c(y)‾, ∀y∈C
return R
```

图 6.1　无监督快速约简算法

现在我们使用参考文献［1］中的一个例子来解释无监督快速约简算法。我们考虑以下数据集（表6.1）。

表6.1　参考文献［1］中的样本数据集

$x \in U$	a	b	c	d
1	1	0	2	1
2	1	0	2	0
3	1	2	0	0
4	1	2	2	1
5	2	1	0	0
6	2	1	1	0
7	2	1	2	1

数据集由 a、b、c、d 四个条件属性组成。在如下步骤中，我们计算每个属性的相关性值。

步骤1：

$$\gamma_{\{a\}}(\{a\}) = \frac{|\mathrm{POS}_{\{a\}}(\{a\})|}{|U|} = \frac{|\{1,2,3,4,5,6,7\}|}{|\{1,2,3,4,5,6,7\}|} = \frac{7}{7}$$

$$\gamma_{\{b\}}(\{b\}) = \frac{|\mathrm{POS}_{\{a\}}(\{b\})|}{|U|} = \frac{|\{5,6,7\}|}{|\{1,2,3,4,5,6,7\}|} = \frac{3}{7}$$

$$\gamma_{\{c\}}(\{c\}) = \frac{|\mathrm{POS}_{\{a\}}(\{c\})|}{|U|} = \frac{|\{\}|}{|\{1,2,3,4,5,6,7\}|} = \frac{0}{7}$$

$$\gamma_{\{d\}}(\{d\}) = \frac{|\mathrm{POS}_{\{a\}}(\{d\})|}{|U|} = \frac{|\{\}|}{|\{1,2,3,4,5,6,7\}|} = \frac{0}{7}$$

$$\sum_{\forall y \in c} \gamma_{\{a\}}(\{y\}) = \frac{7}{7} + \frac{3}{7} + \frac{0}{7} + \frac{0}{7} = \frac{10}{7}$$

$$\overline{\gamma_{\{a\}}(\{y\}),}\ \forall y \in C = \frac{\frac{10}{7}}{4} = 0.35714$$

同理，计算其他的相关性程度。表6.2显示了这些值。

表6.2　步骤1之后的相关性程度

$y \mid x$	$\{a\}$	$\{b\}$	$\{c\}$	$\{d\}$
a	1.0000	1.0000	0.1429	0.0000
b	0.4286	1.0000	0.1429	0.0000
c	0.0000	0.2857	1.0000	0.4286
d	0.0000	0.0000	0.4286	1.0000
$\overline{\gamma_{\{a\}}(\{y\}),}\ \forall y \in C$	0.3571	0.3571	0.3571	0.3571

由此可见，属性 b 产生的相关性程度最高，因此，选择属性 b 来评估集合 $\{a,b\}$ 、$\{b,c\}$ 和 $\{b,d\}$ 的不可分辨性，并计算相关性程度，如下所示。

步骤 2：

$$\gamma_{\{a,b\}}(\{a\})=\frac{|\mathrm{POS}_{\{a,b\}}(\{a\})|}{|U|}=\frac{|\{1,2,3,4,5,6,7\}|}{|\{1,2,3,4,5,6,7\}|}=\frac{7}{7}$$

$$\gamma_{\{a,b\}}(\{b\})=\frac{|\mathrm{POS}_{\{a,b\}}(\{b\})|}{|U|}=\frac{|\{1,2,3,4,5,6,7\}|}{|\{1,2,3,4,5,6,7\}|}=\frac{7}{7}$$

$$\gamma_{\{ab\}}(\{c\})=\frac{|\mathrm{POS}_{\{ab\}}(\{c\})|}{|U|}=\frac{|\{1,2\}|}{|\{1,2,3,4,5,6,7\}|}=\frac{2}{7}$$

$$\gamma_{\{a,b\}}(\{d\})=\frac{|\mathrm{POS}_{\{a,b\}}(\{d\})|}{|U|}=\frac{|\{\}|}{|\{1,2,3,4,5,6,7\}|}=\frac{0}{7}$$

$$\sum_{\forall y\in c}\gamma_{\{a,b\}}(\{y\})=\frac{7}{7}+\frac{7}{7}+\frac{2}{7}+\frac{0}{7}=\frac{16}{7}$$

$$\overline{\gamma_{\{a,b\}}(\{y\}),}\ \forall y\in C=\frac{\frac{16}{7}}{4}=0.57143$$

同理，计算其他的相关性程度。表 6.3 显示了这些值。

表 6.3　步骤 2 之后的相关性程度

$y\|x$	$\{a,b\}$	$\{b,c\}$	$\{b,d\}$
a	1.0000	1.0000	1.0000
b	1.0000	1.0000	1.0000
c	0.2857	1.0000	0.7143
d	0.0000	0.7143	1.0000
$\overline{\gamma_{\{a\}}(\{y\}),}\ \forall y\in C$	0.57143	0.57143	0.57143

由此可见，子集 $\{b,c\}$ 和 $\{b,d\}$ 产生的相关性程度最高，但因为子集 $\{b,c\}$ 是第一个出现的，所以选择子集 $\{b,c\}$ 来计算集合 $\{a,b,c\}$ 和 $\{b,c,d\}$ 的不可分辨性，如下所示。

步骤 3：

$$\gamma_{\{a,b\}}(\{a\})=\frac{|\mathrm{POS}_{\{a,b,c\}}(\{a\})|}{|U|}=\frac{|\{1,2,3,4,5,6,7\}|}{|\{1,2,3,4,5,6,7\}|}=\frac{7}{7}$$

$$\gamma_{\{a,b,c\}}(\{b\})=\frac{|\mathrm{POS}_{\{a,b,c\}}(\{b\})|}{|U|}=\frac{|\{1,2,3,4,5,6,7\}|}{|\{1,2,3,4,5,6,7\}|}=\frac{7}{7}$$

$$\gamma_{\{a,b,c\}}(\{c\})=\frac{|\mathrm{POS}_{\{a,b,c\}}(\{c\})|}{|U|}=\frac{|\{1,2\}|}{|\{1,2,3,4,5,6,7\}|}=\frac{2}{7}$$

$$\gamma_{\{a,b,c\}}(\{d\})=\frac{|\mathrm{POS}_{\{a,b,c\}}(\{d\})|}{|U|}=\frac{|\{3,4,5,6,7\}|}{|\{1,2,3,4,5,6,7\}|}=\frac{5}{7}$$

$$\sum_{\forall y \in c} \gamma_{\{a,b,c\}}(\{y\}) = \frac{7}{7} + \frac{7}{7} + \frac{7}{7} + \frac{5}{7} = \frac{26}{7}$$

$$\overline{\gamma_{\{a,b,c\}}(\{y\}), \forall y \in C} = \frac{\frac{26}{7}}{4} = 0.02857$$

同理可得

$$\overline{\gamma_{\{b,c,d\}}(\{y\}), \forall y \in C} = 1$$

在步骤 3 中计算得到的其他相关性值如表 6.4 所列 。

表 6.4　步骤 4 之后的相关性程度

$y \mid x$	$\{a,b,c\}$	$\{b,c,d\}$
a	1.0000	1.0000
b	1.0000	1.0000
c	1.0000	1.0000
d	0.7143	1.0000
$\overline{\gamma_{\{a\}}(\{y\}), \forall y \in C}$	0.9285	1.0000

由于子集$\{b,c,d\}$的相关性值为 1，因此算法就此终止，并将这个子集作为约简输出。

6.2　无监督相对约简算法

在参考文献［2］中，作者提出了一种基于相对相关性的无监督数据集算法(USRelativeDependency)。现有的相对相关性算法同时使用条件属性和决策属性进行特征子集选择。而无监督相对相关性算法只使用属性条件集，以在相对相关性的基础上进行特征选择。

图 6.2 显示了算法的伪代码。

```
USRelativeReduct(C)
C, the set of all conditional features;  //条件属性集
        1)R←C
        2)∀a∈C
        3)if (K_{R-{a}}({a}) = =1)
        4)R←R-{a}
  return R
```

图 6.2　无监督快速约简算法

初始特征子集由数据集中的所有特征组成，然后算法会评估每个特征。如果特征的相对相关性为“1”，则可以安全地删除这个特征。无监督数据的相对相关性可以计算如下：

$$K_R(\{a\}) = \frac{|U/\mathrm{IND}(R)|}{|U/\mathrm{IND}(R \cup \{a\})|}, \forall a \in A$$

接着证明，当且仅当 $K_R(\{a\}) = K_C(\{a\})$ 以及在 $\forall X \subset R$ 条件下，$K_R(\{a\}) \neq K_C(\{a\})$ 时，R 就是约简。在这种情况下，有监督特征选择中所用的决策属性被条件属性 a 代替，而条件属性 a 则需要从当前约简集 R 中删除。

现在我们使用参考文献［2］中的一个例子来解释无监督相对约简。我们考虑以下数据集（表6.5）。

表6.5　参考文献［2］中的样本数据集

$x \in U$	a	b	c	d
1	1	0	2	1
2	1	0	2	0
3	1	2	0	0
4	1	2	2	1
5	2	1	0	0
6	2	1	1	0
7	2	1	2	1

因为算法使用了后向消除，所以初始约简集由整个条件属性集组成，即 $R = \{a,b,c,d\}$。现在算法考虑消除属性“a”：

$$K_{\{b,c,d\}}(\{a\}) = \frac{\left|\frac{U}{\mathrm{IND}(b,c,d)}\right|}{\left|\frac{U}{\mathrm{IND}(a,b,c,d)}\right|} = \frac{|\{\{1\}\{2\}\{3\}\{4\}\{5\}\{6\}\{7\}\}|}{|\{\{1\}\{2\}\{3\}\{4\}\{5\}\{6\}\{7\}\}|} = \frac{7}{7}$$

因为相关性等于“1”，所以属性“a”可以被安全地消除。于是，约简集就变成了 $R = \{b,c,d\}$。

现在我们考虑消除“b”：

$$K_{\{c,d\}}(\{b\}) = \frac{\left|\frac{U}{\mathrm{IND}(c,d)}\right|}{\left|\frac{U}{\mathrm{IND}(b,c,d)}\right|} = \frac{|\{\{1,4,7\}\{2\}\{3,5\}\{6\}\}|}{|\{\{1\}\{2\}\{3\}\{4\}\{5\}\{6\}\{7\}\}|} = \frac{4}{7}$$

因为相关性不等于“1”，所以我们不能消除属性“b”。接下来，算法考虑消除属性“c”：

$$K_{\{b,d\}}(\{c\}) = \frac{\left|\frac{U}{\mathrm{IND}(b,d)}\right|}{\left|\frac{U}{\mathrm{IND}(b,c,d)}\right|} = \frac{|\{\{1\}\{2\}\{3\}\{4\}\{5,6\}\{7\}\}|}{|\{\{1\}\{2\}\{3\}\{4\}\{5\}\{6\}\{7\}\}|} = \frac{6}{7}$$

再次看到，相对相关性不等于“1”，所以我们不能消除属性“c”。现在，算法考虑消除属性“d”：

$$K_{\{b,c\}}(\{d\})=\frac{\left|\frac{U}{\mathrm{IND}(b,c)}\right|}{\left|\frac{U}{\mathrm{IND}(b,c,d)}\right|}=\frac{|\{\{1,2\}\{3\}\{4\}\{5,6\}\{7\}\}|}{|\{\{1\}\{2\}\{3\}\{4\}\{5\}\{6\}\{7\}\}|}=\frac{6}{7}$$

同样，相对相关性不等于“1”，所以我们不能消除属性“d”。所以，约简集包括的属性就是 $R=\{b,c,d\}$。

6.3 无监督模糊粗糙特征选择

在参考文献［3］中，作者提出了一种基于不同模糊-粗糙特征评价标准的无监督模糊粗糙特征选择算法。这个算法首先考虑数据集中的所有特征。然后，它会对作为评价标准但没有这个特征的测度进行评价。如果这个测度不受影响，则删除这个特征。持续进行这个过程，直至无法在不影响相应测度的情况下删除其他特性为止。

所用的评价测度如下所示。

（1）**相关性测度**。如果属性集 P 可以唯一决定属性集 Q，则 Q 取决于 P。但是，作者认为，模糊相关性测度及其在有监督模糊-粗糙特征选择中的应用也可以用于确定属性之间的相互相关性。这可以通过使用特征集 Q 替换决策类别而实现。

（2）**边界区域测度**。在基于明确－粗糙集的绝大多数技术以及所有的模糊-粗糙特征选择技术中，都是使用下近似进行特征选择，但是也可以使用上近似来区分对象。例如，两个子集可能产生相同的下近似，但一个子集可能给出较小的上近似，这意味着，边界区域的不确定性较小。同理可得，模糊边界区域也可以用于特征评价。

（3）**分辨性测度**。在传统粗糙集理论情况中，特征选择算法可以分为两大类：一类是使用相关性测度；另一类是使用分辨性测度。使用模糊容忍度关系表示对象的近似等式，它也可以用来对经典的分辨性函数进行扩展。对于特征 P 的每一个组合，都可以得到一个值以表示这些属性在所有对象之间，相对于特征 Q 的另一个子集而保持分辨性的程度。

这个算法的伪代码参见图 6.3。

```
USRQUICKREDUCT(F)
F, the set of all features;  //特征集
        1)R←C
        2)foreach x∈C
        3)R←R - {x}
        4)if M(R,{x}) <1
        5)R←R∪{x}
        6)return R
```

图 6.3　无监督快速约简算法

该算法可以通过指定上述任何一种评价技术来使用。在最坏的情况下，搜索的复杂度为 $O(n)$，其中 n 为原始特征的个数。

6.4　无监督粒子群算法相对约简 （US-PSO-RR）

作者在参考文献［4］中提出了一种无监督特征选择的混合技术。这个技术使用了相对约简以及粒子群优化算法。图 6.4 给出了作者提出算法的伪代码。这个算法以一组条件属性“C”作为输入，并生成约简集“R”作为输出。

```
Algorithm: US-PSO-RR(C)
Input: C, the set of all conditional features,  //条件属性集
Output: Reduct R                                //约简集

Step 1: Initialize X with random position V_i with random velocity
∀:X_i←randomPosition();
V_i←randomVelocity();
fit←0;globalbest←fit;
gbest←X_1;pbest(1)←X_1
For i = 1…S
pbest(i) = X_i
Fitness(i) = 0
End For

Step: While Fitness ! = 1      //停止条件
For i = 1…S      //对每一个粒子
∀:X_i;      //计算特征子集 X_i 的适应度
R←Feature subset of X_i(1's of X_i)
∀a∈(y)
γ_R(a) = |U/IND(R)| / |U/IND(RU{a})|
Fit = \overline{γ_R}(y) ∀y∉R
if Fitness(i) > fit
Fitness(i) = fit
Pbest(i) = X_i
End
if(Fit = = 1)
return R
End if
End For

Step 3: Compute best fitness
For i = 1,…,S
If(Fitness(i) > globalbest)
gbest←X_i;
globalbest←Fitness(i);
End if
End For
UpdateVelocity(); //更新 X'_i s 的速度 V'_i s
```

```
UpdatePosition(); //更新 X'_i s 的位置,继续进行下一轮迭代
End {while}
Output Reduct R
```

图 6.4 US-PSO-RR 的伪代码

在第一步中，算法会对带有随机选择的条件属性以及初始速度的初始粒子群进行初始化，然后构造一个粒子群。对于每个粒子，计算平均相对相关性。如果相关性是“1”，则认为它是约简集。如果平均相关性不等于 1，则保留每个粒子的最佳值（最高相对相关性值），同时保留整个粒子群的最佳值作为全局最佳值。算法最后会更新位置和速度，以生成下一个粒子群。

编码：

算法使用“1”和“0”表示属性的存在和缺失。可以作为粒子位置一部分而被包括在内的属性用“1”表示，而不属于粒子部分的粒子则用“0”表示。例如，如果共有 5 个属性，如 a、b、c、d、e，而我们需要包含属性 b、c、e，则粒子就会如下所示：

a	b	c	d	e
0	1	1	0	1

上述粒子位置表明粒子将包含属性 b、c 和 e，而属性 a 和 d 不存在。

速度和位置的表示和更新：

粒子的速度用 1 到 V_{max} 之间的正整数表示。它基本上决定了粒子应当针对全局最佳位置上改变多少字符位置。最佳值代表局部最佳，全局最佳适应度代表全局最佳。每个粒子的速度可按下式更新：

$$V_{id} = w \cdot V_{id} + c_1 \cdot \text{rand}() \cdot (P_{id} - x_{id}) + c_2 \cdot \text{Rand}() \cdot (P_{gd} - x_{id})$$

式中：w 代表惯性权重；c_1 和 c_2 代表加速度常数。粒子的位置是根据速度进行改变的，如下所示。

（1）如果 $V \leqslant xg$，则随机改变粒子 V 个字符位置，与全局最佳适应度不同。

（2）如果 $V > xg$，则将所有不同的字符位置改变为与全局最佳适应度相同，然后再随机改变（$V - xg$）个字符位置。

我们可以计算如下：

$$w = w_{max} - \frac{w_{max} - w_{min}}{\text{iter}_{max}} \text{iter}$$

式中：w_{max} 是加权系数的初始值；w_{min} 是最终值；iter_{max} 是最大迭代次数；iter 是当前迭代次数。

算法使用相对相关性测度来度量粒子的适合度。相对相关性计算技术如下所示：

$$\gamma_R(a)=\frac{|U/\mathrm{IND}(R)|}{|U/\mathrm{IND}(R\cup\{a\})|},\ \forall a\notin R$$

式中：R 是粒子选择的子集，而所选基因子集对于所有未被粒子选择的基因的平均相关性则被作为粒子 X_i 的适应度值，即

$$适应度=适应度(X_i)=\overline{\gamma_R}(Y),\ \forall y\notin R$$

现在用参考文献［5］的一个例子来解释这个算法，我们使用以下数据集作为示例。

假设生产的初始跟随粒子为$(1,0,0,1)$。这个粒子包含特征“a”和“d”，不包含特征“b”和“c”，因此 $R=\{a,d\}$，且 $Y=\{b,c\}$。

由此可得

$$\gamma_R(b)=\frac{|\mathrm{IND}R_R|}{|\mathrm{IND}R_{R\cup\{b\}}|}=\frac{|\{1,4\}\{2,3\}\{5,6\}\{7\}|}{|\{1\}\{2\}\{3\}\{4\}\{5\}\{6\}\{7\}|}=\frac{4}{6}=0.667$$

$$\gamma_R(c)=\frac{|\mathrm{IND}R_R|}{|\mathrm{IND}R_{R\cup\{c\}}|}=\frac{|\{1,4\}\{2,3\}\{5,6\}\{7\}|}{|\{1\}\{2\}\{3\}\{4\}\{5\}\{6\}\{7\}|}=\frac{4}{6}=0.667$$

$$\overline{\gamma_R}(a)(\forall a\in Y)=\frac{0.667+0.667}{2}=0.667$$

因为$\overline{\gamma_R}(a)\neq1$，所以$\{a,d\}$不会被作为约简集。假设在某个阶段产生了一个粒子 $X_i=\{0,1,1,1\}$。相关性计算如下：

$R=\{b,c,d\}$，$Y=\{a\}$

$$\gamma_R(a)=\frac{|\mathrm{IND}R_R|}{|\mathrm{IND}R_{R\cup\{a\}}|}=\frac{|\{1\}\{2\}\{3\}\{4\}\{5\}\{6\}\{7\}|}{|\{1\}\{2\}\{3\}\{4\}\{5\}\{6\}\{7\}|}=\frac{7}{7}=1$$

$$\overline{\gamma_R}(a)(\forall a\in Y)=1$$

所以 $R=\{b,c,d\}$ 是约简集。

6.5 无监督粒子群算法快速约简（US-PSO-QR）

无监督粒子群算法快速约简方法的工作机制与6.4节中无监督粒子群算法相对约简方法相同。图6.5给出了这个算法的伪代码。

```
Algorithm: US-PSO-QR(C)
Input: C, the set of all features,   //特征集
Output: Reductset R        //约简集

Step 1: Initialize X with random position Vi with random velocity
∀:Xi←randomPosition();
Vi←randomVelocity();
Fit←0;globalbest←Fit;
gbest←X1;
```

```
Step: While Fitness! =γ̄C(y) ∀y∈C    //停止条件
For i = 1…S      //对每一个粒子
∀:Xi;T←{ }
//Compute fitness of feature subset of Xi
R←Feature subset of Xi(1's of Xi)
∀x∈(R);∀y∈C
γTU(x)(y) = |POSTU(x)(y)| / |U|
Fitness(i) = γ̄TU(x)(y) ∀y∈C
End For
Step 3: Compute best fitness
For i = 1,…,S
If(Fitness(i) >globalbest)
gbest←Xi;globalbest←Fitness(i);pbest(i)←bestPos(Xi);
if fitness(i) = γ̄C(y) ∀y∈C
R←getReduct(Xi)
End if
End if
End For
UpdateVelocity(); //更新 X'i s 的速度 V'i s
UpdatePosition(); //更新 X'i s 的位置,继续进行下一轮迭代
End {while}
Output Reduct R
```

图 6.5 US-粒子群算法-RR 的伪代码

算法以一组条件属性作为输入，生成约简集“R”作为输出。它从初始粒子群开始，评估每个粒子的适应度。选择适应度最高的特征，并对其与其他特征的组合进行评估。相应地对局部和全局最佳（最佳值和全局最佳适应度）进行更新。最后，算法会更新每个粒子的速度和位置。这个过程一直持续，直到满足我们的停止标准，这个标准通常包括最大的迭代次数。

我们现在使用一个例子来解释这个算法。考虑表 6.6 以及相同的初始群体，即

$$\gamma_{T\cup\{ad\}}(a)=\frac{|\mathrm{POS}_{T\cup\{ad\}}(a)|}{|U|}=\frac{|\{1,2,3,4,5,6,7\}|}{|\{1,2,3,4,5,6,7\}|}=\frac{7}{7}=1$$

$$\gamma_{T\cup\{ad\}}(b)=\frac{|\mathrm{POS}_{T\cup\{ad\}}(b)|}{|U|}=\frac{|\{5,6,7\}|}{|\{1,2,3,4,5,6,7\}|}=\frac{3}{7}=0.4286$$

$$\gamma_{T\cup\{ad\}}(c)=\frac{|\mathrm{POS}_{T\cup\{ad\}}(c)|}{|U|}=\frac{|\{1,4,7\}|}{|\{1,2,3,4,5,6,7\}|}=\frac{3}{7}=0.4286$$

$$\gamma_{T\cup\{ad\}}(d)=\frac{|\mathrm{POS}_{T\cup\{ad\}}(d)|}{|U|}=\frac{|\{1,2,3,4,5,6,7\}|}{|\{1,2,3,4,5,6,7\}|}=\frac{7}{7}=1$$

$$\overline{\gamma_{T\cup\{ad\}}}(y)(\forall y\in C)=\frac{1+0.4286+0.4286+1}{4}=0.7143$$

$$\overline{\gamma_{T\cup\{ad\}}}(y)(\forall y\in C)=\frac{|\mathrm{POS}_{T\cup\{ab\}}(d)|}{|U|}=0.9286$$

$$\overline{\gamma_{T\cup\{ad\}}}(y)(\forall y\in C)=\frac{|\mathrm{POS}_{T\cup\{ab\}}(d)|}{|U|}=0.5714$$

$$\overline{\gamma_{T\cup\{bc\}}}(y)(\forall y\in C)=\frac{|\mathrm{POS}_{T\cup\{bc\}}(d)|}{|U|}=0.9286$$

表 6.6　参考文献 [5] 中的样本数据集

$x\in U$	a	b	c	d
1	1	0	2	1
2	1	0	2	0
3	1	2	0	0
4	1	2	2	1
5	2	1	0	0
6	2	1	1	0
7	2	1	2	1

因为没有一个属性显示的相关性为“1”，所以开始下一次迭代。假设粒子在任意阶段为(0,1,1,1)，则相关性计算如下：

$$\gamma_{T\cup\{bcd\}}(a)=\frac{|\mathrm{POS}_{T\cup\{bcd\}}(a)|}{|U|}=\frac{|\{1,2,3,4,5,6,7\}|}{|\{1,2,3,4,5,6,7\}|}=\frac{7}{7}=1$$

由此可见，子集$\{b,c,d\}$产生的相关性等于“1”，所以算法就此停止，并输出$R=\{b,c,d\}$作为约简。

$$\gamma_{T\cup\{bcd\}}(b)=\frac{|\mathrm{POS}_{T\cup\{bcd\}}(b)|}{|U|}=\frac{|\{1,2,3,4,5,6,7\}|}{|\{1,2,3,4,5,6,7\}|}=\frac{7}{7}=1$$

$$\gamma_{T\cup\{bcd\}}(c)=\frac{|\mathrm{POS}_{T\cup\{bcd\}}(c)|}{|U|}=\frac{|\{1,2,3,4,5,6,7\}|}{|\{1,2,3,4,5,6,7\}|}=\frac{7}{7}=1$$

$$\gamma_{T\cup\{bcd\}}(d)=\frac{|\mathrm{POS}_{T\cup\{bcd\}}(d)|}{|U|}=\frac{|\{1,2,3,4,5,6,7\}|}{|\{1,2,3,4,5,6,7\}|}=\frac{7}{7}=1$$

$$\overline{\gamma T\cup\{bcd\}}(y)(\forall y\in C)=1$$

6.6　小　　结

利用粗糙集理论的无监督数据集特征选择算法有很多。相对于有监督数据集而言，粗糙集理论对于无监督特征选择同样有效。在本章中，我们介绍了一些最常用的特征选择算法，还给出了每个算法的伪代码，进行了详细解释，并通过举例说明了算法的工作原理。

参考文献

1. Velayutham C, Thangavel K (2011) Unsupervised quick reduct algorithm using rough set theory. J Electron Sci Technol 9(3):193–201
2. Velayutham C, Thangavel K (2011) Rough set based unsupervised feature selection using relative dependency measures. In: Digital Proceedings of UGC Sponsored National Conference on Emerging Computing Paradigms (2011)
3. Parthaláin NM, Jensen R (2010) Measures for unsupervised fuzzy-rough feature selection. Int J Hybrid Intell Syst 7(4):249–259
4. Inbarani HH, Nizar Banu PK (2012) Unsupervised hybrid PSO—relative reduct approach for feature reduction. In: 2012 International Conference on Pattern Recognition, Informatics and Medical Engineering (PRIME). IEEE
5. Nizar Banu PK, Inbarani HH (2012) Performance evaluation of hybridized rough set based unsupervised approaches for gene selection. Int J Comput Intell Inf 2(2):132–141

第 7 章　特征选择算法的批判性分析

到目前为止，我们已经在之前的章节中对用于监督学习和非监督学习的各种特征选择算法的详细内容进行了讨论，包括基于粗糙集和非粗糙集的技术在内。在本章中，我们将对基于粗糙集理论的不同特征选择算法进行分析，对它们的结果进行清楚的讨论。为比较算法性能，我们开展了不同的实验。我们将重点讨论基于粗糙集理论的特征选择算法。

7.1　特征选择技术的优点和缺点

特征选择算法可以分为以下三类：

(1) 过滤法；

(2) 封装法；

(3) 嵌入法。

前面我们已经对上述所有技术进行了详细讨论。在这里，我们将对这些技术的优点和缺点进行讨论。

7.1.1　过滤法

过滤法会独立于基本学习算法而进行特征选择。一般来说，这些技术通常是根据一些排序标准对特征进行排序，并选择最优的特征。它们忽略了特征对学习算法的影响。下面是这种技术的一些优点和缺点。

优点：

(1) 可扩展到高维数据集；

(2) 简单，快速；

(3) 独立于基本分类算法，因此可以与任何分类算法一起使用。

缺点：

由于在对特征进行排序的过程中忽略了分类算法，所以特征的选择可能会影响分类算法的准确性和性能。

(1) 独立地对特征进行排序，因此会忽略特征之间的相关性；

(2) 通常是单变量或者较少变量。

7.1.2　封装法

根据分类算法进行特征选择，根据分类程序的反馈来选择特征。下面是这种技术的一些优点和缺点。

优点：

（1）利用分类算法的反馈进行特征选择；

（2）提高了分类程序的性能和准确性；

（3）特征相关性也被考虑在内。

缺点：

（1）相比于过滤法，封装法很容易过度拟合；

（2）计算量很庞大。

7.1.3 嵌入法

将特征选择作为学习过程的一部分进行，如分类树、学习机等。

优点：相比于封装法，计算量较少；

缺点：依赖于学习机。

7.2 比较框架

参考文献［1］中的作者设计了一个比较框架以对不同的特征选择算法进行分析。这个框架包括三个组成部分，如下所示。

7.2.1 执行时间减少的百分比

执行时间减少百分比说明了算法的效率，也就是它的速度有多快以及它减少了多少执行时间。为此，我们使用了系统秒表，它会在输入之后启动，并在得到结果之后停止。计算减少百分比的公式如下：

$$减少百分比=100-\frac{E(1)}{E(2)}\times 100$$

式中：$E(1)$是一个算法的执行时间；$E(2)$是其对比算法的执行时间。

7.2.2 内存使用量

内存使用量是指在其执行期间，算法为完成任务所占用的最大运行内存。通过将所用的每个中间数据结构的规模相加，可以用内存使用度来计算内存。

我们使用UCI[2]中的“Optidigits”数据集执行了特征选择算法，得到的结果如表7.1所列。

表7.1 特征选择算法的执行时间

PSO-QR 时间/min	FSA 时间/min	RS-IHS-QR 时间/min	GA 时间/min	IFSA 时间/min	FSHE 时间/min
6.52	2.21	0.46	0.40	1.22	12.24
46.11%	81.73%	96.19%	96.69%	89.91%	—

图 7.1 显示了执行时间的对比图。

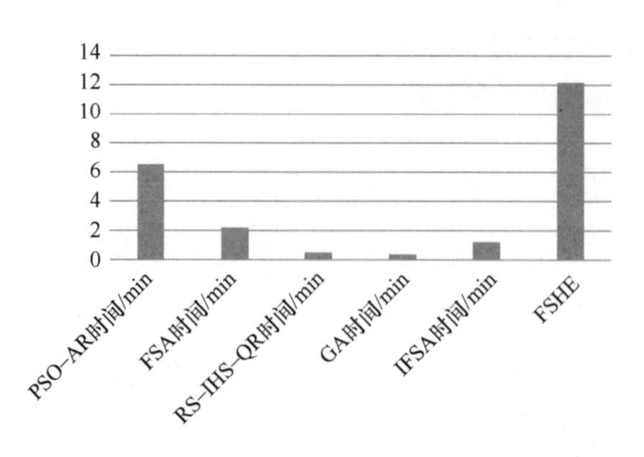

图 7.1　各种特征选择算法的执行时间对比图

从图 7.1 中可以看出，FSHE 算法的执行时间最长。这是因为它首先使用了启发式技术，然后再对产生的结果应用穷举式搜索。遗传算法的完成时间最短，相对于 FSHE 算法。它最大程度地减少了执行时间。

就内存量而言，所有算法所使用的内存量都是相同的，因为它们使用的数据集是相同的。注意：我们在计算内存时只考虑了主要数据结构，而忽略了中间/局部变量。

7.3　各种特征选择技术的批判性分析

现在我们将对各种特征选择技术进行批判性分析，优、缺点都将会被讨论。

7.3.1　快速约简

快速约简[3]试图在不穷尽所有可能子集的情况下找到特征子集。这是最常用的算法之一，但是快速约简不能确保获得最优的特征子集选择。在实验中发现，快速约简的性能取决于属性的分布；以前向特征选择为例，如果能产生更高相关性程度的属性是在最后被找到的，则相比于在开始索引时找到这个属性，算法需要耗费更多的时间。我们将使用表 7.2 的数据集为例进行解释。

表 7.2　样本数据集

U	a	b	c	D
X_1	0	0	0	x
X_2	1	1	1	y
X_3	1	1	0	y

续表

U	a	b	c	D
X_4	2	0	1	x
X_5	0	2	0	z
X_6	2	2	0	y

在第一次迭代中，算法选择“b”作为约简集的一部分；第二次迭代中，算法则在第一次迭代时选择“a,b”作为约简集，因为集合$\{a,b\}$的相关性等于“1”。新的样本数据集分布如表7.3所示。

表7.3　更换属性顺序之后的样本数据集

U	a	b	c	D
X_1	0	0	0	x
X_2	1	1	1	y
X_3	0	1	1	y
X_4	1	0	2	x
X_5	0	2	0	z
X_6	0	2	2	y

在第二次迭代中，算法首先会将“b”与“a”结合，然后再将“b”与“c”结合起来，因此需要更多的时间。所以，算法的性能取决于属性的分布。类似可得，约简集中的属性数量也可能根据属性的分布而发生变化。

7.3.2　基于粗糙集的遗传算法

在参考文献［4］中，作者提出了一种用于特征子集选择的遗传算法。遗传算法已成功地应用于特征子集的寻找，但是这些算法存在以下缺点：

（1）随机性是遗传算法的核心，但是这可能会导致失去重要的特征，而这个特征包含的信息要比其他特征更多；例如，在一个染色体中，可能存在个体相关性较低、但累积相关性为“1”的属性，因此，这类通过染色体中的基因表示的属性就可以称为特征子集。但是，相比于那些相关性较低的属性（用染色体表示），数据集仍然可能具有相关性更高的属性（因此有更多信息）。

（2）遗传算法不能保证得到最优的特征子集选择，因为属性是随机选择的，所以染色体可能包含冗余属性。例如，一个染色体可能包含10个属性，其中只有3个可能是充分的（即它们提供的相关性与整个属性集相等）。

（3）适应度函数的评估通常是遗传算法的瓶颈。在基于粗糙集理论的特征选择的条件下，评价函数通常包括计算决策类别“D”关于被编码到当前染色体的条件属性集的相关性。但是，对于较大的群体规模（更多的染色体数量）或者更大的数据集来说，计算相关性实际上是一项非常庞大的计算工作，这会严重影响算法的性能。

（4）一般来说，算法在一个群体中需要更多的染色体（更大的群体规模），而某些情况下（正如实验中观察到的那样），在进行了规定的迭代次数却没有产生最优结果时，算法被明确地强迫停止。

（5）对于算法的效率来说，像交叉和变异等算子是非常重要的；但是对于在哪种情况下使用哪个操作符，并没有适当的启发式技术，染色体编码方案也是如此。

（6）停止标准并不明确，如最大迭代次数（在没有找到最优解的情况下）是人工指定的，并且也没有关于它的指导方针。

7.3.3 粒子群算法–快速约简

粒子群算法–快速约简[5]是一种基于粗糙集并结合了群优化以及快速约简的混合特征选择技术。这个算法的目的是利用粒子群算法快速约简。但是，这个算法也继承了这两种算法的一些局限性。在这里，我们对一些限制描述如下。

（1）与遗传算法一样，粒子群算法–快速约简使用了随机粒子生成，“1”表示属性存在，“0”表示不存在。例如，下面的粒子说明将考虑第一个、第三个和第五个属性，而第二个和第四个属性则将被忽略。但是，它也存在相同的问题，也就是粒子可能包含冗余的属性，所以结果不是最优的。

（2）这个算法采用基于粗糙集的正域相关性测度，所以不适用于粒子数量较多的大粒子群。

（3）此外，它还使用了如下面算法步骤所示的快速约简，这也导致了严重的性能瓶颈。

（4）惯性权重的选择没有适当的指导原则，而且算法有可能陷入局部最优。

（5）这个算法没有明确的停止标准。通常，算法会在达到或者未达到理想解的指定迭代次数之后终止。

（6）这个技术容易出现局部乐观的问题，导致其速度和方向的调节不够精确[6]。

需要注意的是，粒子群算法不涉及交叉和突变等遗传算子。但是，相对于全局最佳粒子，粒子会改变它们的速度和位置。这意味着，相比于遗传算法中的染色体，它的变化更小（图7.2和图7.3）。

1	0	1	0	1

图7.2 样本粒子

$$\forall x \in (C - \mathrm{R})$$

$$\gamma_{R \cup \{x\}}(D) = \frac{|\mathrm{POS}_{R \cup \{x\}}(D)|}{|U|}$$

图7.3 粒子群算法–快速约简中的快速约简步骤

7.3.4 增量特征选择算法

增量特征选择算法考虑的是动态数据集，也就是数据集会随时间推移而动态添加属性。这个算法的一个积极方面是：它可以提供一个优势的优化步骤来删除冗余属性。算法任务是通过度量属性的重要度而完成的，即在删除属性前后分别计算相关性关系；如果删除属性会导致相关性减少，则说明这个属性不是冗余的，不应该删除。然而，算法受到以下限制：

（1）重要度使用表达式计算得出：$\mathrm{sig}_2(a,B,D)=\gamma_{B\cup\{a\}}(D)-\gamma_B(D)$，这意味着，我们必须计算相关性两次，第一次包括属性“a”，第二次不包括属性“a”。如果属性数量较多，这将导致严重的性能下降。

（2）如果已知的特征数量较少，或者动态添加的特征数量较多时，算法收敛于非增量特征选择算法。

7.3.5 AFSA

参考文献［7］中的作者提出了一种利用粗糙集理论以及鱼群逻辑进行特征选择的混合技术。这个算法利用群逻辑对解进行迭代优化，以进行特征选择。除了群逻辑的积极方面，AFSA 还受到以下限制[8]：

（1）时间复杂度更高；

（2）收敛速度更低；

（3）全局搜索和局部搜索之间缺乏平衡；

（4）无法在下一次运行中使用群成员的经验；

（5）此外，输入参数也没有相应的指导方针，人们已不停地作出努力以改善这些局限性。

表 7.4 列出了基本鱼群的一些变化。

表 7.4 基于粒子群的算法

粒子群算法	描　述
基于改进人工鱼群算法的支持向量机的特征选择与参数优化[9]	研究提出了一种改进 AFSA（MAFSA）算法来改进支持向量机分类程序的特征选择和参数优化
入侵检测中的基于人工鱼群算法的特征优化[10]	研究提出了一种在入侵检测中利用人工鱼群算法对网络特征进行优化和简化的技术
基于改进鱼群算法的数据集约简[11]	研究提出了一种全新的智能群体建模技术，主要包括搜索、群体和跟随行为
利用人工鱼群进化神经网络分类程序和特征子集[12]	研究表明，AFSA 可以作为一种新的工具，它可以同时建立一个神经网络（Neural Network，NN），调整其参数并进行特征约简
基于改进人工鱼群算法的支持向量机特征选择[13]	研究提出了一种改进的人工鱼群算法以选择最优特征子集，从而提高支持向量机的分类精度

7.3.6 使用穷举法和启发法的特征选择

作者在文献［14］中提出了一种利用启发式和穷举式搜索算法的新型特征选择技术。这种技术就可以避免这两类搜索技术的局限性。穷举式搜索是不可能的，而且耗时太长，因此不能用于大规模的数据集；另一方面，启发式搜索又不能提供最优结果。在文献［14］中，作者首先采用启发式技术进行特征选择。在此之后，他们进行穷举式搜索以删除冗余特征，从而确保得到最优特征子集。

与穷举式搜索相比，这个技术的结果令人印象深刻，但是它依然受到以下限制：

（1）相比于仅采用一种策略的其他特征选择算法，这个算法的性能下降幅度较大；

（2）无法避免启发式搜索算法的局限性，如输入没有明确的指导方针、没有适当的停止标准等。

7.3.7 使用随机特征向量的特征选择

在参考文献［15］中，作者提出了一种基于碰撞试验法的特征选择技术。研究的基础是随机生成特征子集，直到得到相关性最大的特征子集，也就是等于整个条件属性集的特征子集，然后进行优化步骤，以删除冗余特征。

与参考文献［14］所提出的算法相比，这个算法更好，因为它在计算特征向量时，无需使用复杂的算子，如遗传算法、粒子群算法、AFS 等。但是，这个算法存在以下局限性：

（1）如果碰撞试验不能产生任何理想的解，则没有明确的停止标准；

（2）最终特征向量的优化需要计算相关性两次：一次是包括一个特征；另一次则是不包括这个特征，这可能会导致性能瓶颈的出现。

7.4 小　　结

在本章中，我们对一些最常用的算法进行了批判性分析。目的是详细说明每种技术的优点和缺点。为此，首先对一个基准数据集进行了实验，并对实验结果进行了讨论。然后对其中一些算法以及它们的优、缺点进行了深入讨论。这可以为研究团队进一步研究这些算法并克服它们的局限性提供一个方向。

参考文献

1. Raza MS, Qamar U (2016) An incremental dependency calculation technique for feature selection using rough sets. Inf Sci 343:41–65

2. Lichman M (2013) UCI machine learning repository. University of California, School of information and computer science, Irvine, CA. http://archive.ics.uci.edu/ml. Last accessed 30 March 2017
3. Jensen R, Shen Q (2008) Computational intelligence and feature selection: rough and fuzzy approaches. Wiley
4. Zuhtuogullari K, Allahvardi N, Arikan N (2013) Genetic algorithm and rough sets based hybrid approach for reduction of the input attributes in medical systems. Int J Innov Comput Inf Control 9:3015–3037
5. Inbarani HH, Azar AT, Jothi G (2014) Supervised hybrid feature selection based on PSO and rough sets for medical diagnosis. Comput Methods Programs Biomed 113(1):175–185
6. Bai Q (2010) Analysis of particle swarm optimization algorithm. Comput Inf Sci 3(1):180
7. Chen Y, Zhu Q, Xu H (2015) Finding rough set reducts with fish swarm algorithm. Knowl Based Syst 81:22–29
8. Neshat M, et al (2014) Artificial fish swarm algorithm: a survey of the state-of-the-art, hybridization, combinatorial and indicative applications. Artif Intell Rev 42(4):965–997
9. Lin KC, Chen SY, Hung JC (2015) Feature selection and parameter optimization of support vector machines based on modified artificial fish swarm algorithms. Math Probl Eng (2015)
10. Liu T, et al (2009) Feature optimization based on artificial fish-swarm algorithm in intrusion detections. In: International conference on networks security, wireless communications and trusted computing. NSWCTC'09. vol 1, IEEE
11. Manjupriankal M, et al (2016) Dataset reduction using improved fish swarm algorithm. Int J Eng Sci Comput 6(4):3997–4000
12. Zhang M, et al (2006) Evolving neural network classifiers and feature subset using artificial fish swarm. In: Proceedings of the 2006 IEEE international conference on mechatronics and automation. IEEE
13. Lin KC, Chen SY, Hung JC (2015) Feature selection for support vector machines base on modified artificial fish swarm algorithm. In: Ubiquitous computing application and wireless sensor. Springer, Berlin, pp 297–304
14. Raza MS, Qamar U (2016) A hybrid feature selection approach based on heuristic and exhaustive algorithms using rough set theory. In: Proceedings of the international conference on internet of things and cloud computing. ACM
15. Raza MS, Qamar U (2016) A rough set based feature selection approach using random feature vectors. 2016 international conference on frontiers of information technology (FIT). IEEE

第 8 章　优势关系粗糙集技术

基于优势关系的粗糙集技术（Dominance – based Rough Set Approach，DRSA）是对传统粗糙集理论的一个扩展。传统的技术在考虑全集时没有考虑对象之间的优势关系。相反，基于优势关系的粗糙集技术考虑到了这一关系，因此将粗糙集理论向前扩展一步。在本章中，我们将对优势关系粗糙集技术的一些基本知识进行讨论。

8.1 概　　述

数据分析涉及多种任务，如分类、聚类、规则提取等。如果我们讲到分类，应该考虑参考文献［1］中可能包括的一些先验知识：

（1）值域，即每个属性可以取的可能值的集合；

（2）属性划分，即条件属性和决策属性的集合以及它们之间的关系；

（3）这些属性值的优先顺序，分类应保留优先次序。

按照惯例，分类包括项目(1)和(2)，所有的工具几乎都是一样的。但是，被遗漏了的一个重要方面就是属性值中的优先顺序，也就是项目(3)。根据属性值对对象进行分类，但类别却没有优先顺序。在实践中，我们遇到的许多情况都是属性不仅具有顺序，而且还有优先顺序，即某些值比其他值更优先。例如，假设在课堂上，最终等级是根据化学和物理的分数来计算的。在这里，决策属性即“最终等级”，应该有一个优先顺序，也就是“优秀”的最终等级要优先于“良好”；类似可得，“良好”的最终等级优先于“好”的等级，以此类推。现在，如果两名学生“A”和“B”在化学上得到了相同的分数，但学生“A”在物理上得到的分数比学生“B”更高，则学生“A”应该被分配到优先的“最终等级”类别。如果不是这样，那么可以得出结论，在获取样本时存在一些不一致，如样本噪声或者缺失值等。处理这些不一致是知识发现的核心问题。在实际应用中，这些一致性问题不能简单地认为是噪声或者错误，并使用一些算子进行标准化。考虑优先顺序变得至关重要。

具有优先排序的域的属性称为标准。条件属性和决策属性取值都可能具有优先级排序，因此可以称为标准。

当前文献提出了许多工具和技术来执行数据分析及其相关的一些任务，如经典粗糙集理论、决策粗糙集理论、模糊理论等。但是，这些技术都很少考虑属性优先顺序，这就可能导致结果不一致。基于优势关系的粗糙集技术是对传统粗糙集理论的一种扩展，它考虑了属性的优先顺序。该技术通过使用优势关系代替不可分辨关系，也是对经典粗糙集理论的推广。

8.2 优势关系粗糙集技术

基于优势关系的粗糙集技术是由 Greco、Matarazzo 和 Słowiński [2-4]提出的，这是对传统粗糙集理论的一种扩展。这种扩展包括对数据集中的对象进行优先顺序评估，并考虑了这些对象间的单调关系。但是，需要注意的是，基于优势关系的粗糙集技术也可以用于非序数问题的数据分析[5]。从这个技术出现开始，它就被应用到许多领域，如制造业[6]、金融[7-8]、项目选择[9]、数据挖掘[10-11]等。在本节中，我们将对优势关系粗糙集技术的一些核心基础内容进行讨论。

8.2.1 决策表

在传统粗糙集理论中，一个决策系统就是一个对象的有限集合，称为全集 U，其中每个对象都是由一组条件属性 C 和决策属性 D 来表征的。从数学上来说，即有

$$\alpha=(U,C\cup D)$$

就优势关系粗糙集技术而言，决策表在数学上表示为四元组，如下所示：

$$\alpha=(U,Q,V,f)$$

式中：U 代表对象的一个有限集合；Q 是标准的一个有限集合，即根据域而具序列数尺度的属性。在此，$V=U_{q\in Q}V_q$，其中 V_q 是标准 q 的值集。f 表示函数 $f(x,q)$，为属性 q 将一个特定的值 V_q 分配给对象 x。在此，$Q=(C\cup D)$，即条件属性和决策属性都被包含在内。表 8.1 为样本决策系统。

由此可知，全集 U 包括七个对象，即 $\{X_1,X_2,X_3,\cdots,X_7\}$。条件属性包括 {物理，化学}，决策属性为 {最终等级}。

表 8.1　决策系统

U	物　理	化　学	最终等级
X_1	A	B	良好
X_2	A	A	优秀
X_3	B	C	好
X_4	A	B	好
X_5	B	A	良好
X_6	A	B	良好
X_7	C	B	好

8.2.2 优势

优势确定了优先顺序。对于一个标准 $P\subseteq C$ 而言，如果根据 P 的每个标准，x 都优于 y，则对象 x 优于对象 y，即对象 x 优于对象 y。可简单表达为 $x_q \geqslant y_q$。从数学上来说，它将被明确为“x 优于 y”，即有

$$D_P^-(x)=\{y\in U:xD_Py\}$$

也就是说，如果考虑 $P\subseteq C$ 中的信息，这是由 x 主导的一组对象。

类似可得，我们可以给出 x 的优势对象集，如下所示：

$$D_P^+(x)=\{y\in U:yD_Px\}$$

如果我们考虑表 8.1，并将 X_3 作为我们的原点，且 $P=\{$物理$\}$，则

$$D_P^-(x)=\{X_5,X_7\}$$

类似可得

$$D_P^+(x)=\{X_1,X_2,X_5,X_6\}$$

8.2.3 决策类别和类簇

在传统粗糙集理论关系中，决策属性以数量有限的决策类别形式提供了全集划分。同理可得，在使用优势粗糙集法时，决策属性可以将全集划分为有限决策类别 $Cl=\{Cl_1,Cl_2,Cl_3,\cdots,X_m\}$。注意：每个对象属于且仅属于一个类别。

但是，与粗糙集理论不同的是，决策类别在优势关系粗糙集技术中被假定为优先排序的。因此，对于 $r,s=\{1,2,3,\cdots,m\}$，在 $r>s$ 的条件下，属于 Cl_r 的对象优先于属于 Cl_s 的对象。所以，与粗糙集理论中的简单近似不同，优势关系粗糙集技术中的近似是类别的向上并集和向下并集，即

$$Cl_t^{\geqslant}(x)=\cup_{s\geqslant t}Cl_s,t=1,2,\cdots,n$$

$$Cl_t^{\leqslant}(x)=\cup_{s\leqslant t}Cl_s,t=1,2,\cdots,n$$

其中，$Cl_t^{\geqslant}(x)$确定了属于 Cl_t 的对象集或者一个更优先的类别。另一方面，$Cl_t^{\leqslant}(x)$确定了属于 Cl_t 的对象集或者一个次优先的类别。

根据表 8.1 可知，决策属性“最终等级共有“优秀”“良好”和“好”三个决策类别。“优秀”要优于“良好”，而“良好”要优于“好”。令它们的指标为优秀 =3、良好 =2、好 =1，则当 $t=2$ 时，可得

$$Cl_t^{\geqslant}(x)=\{X_1,X_2,X_5,X_6\}$$

也就是 $Cl_t^{\geqslant}(x)$确定了属于“良好”类别或者一个更优先类别，也就是“优秀”的对象集。

同理可得

$$Cl_t^{\leqslant}(x)=\{X_1,X_3,X_4,X_5,X_6,X_7\}$$

也就是说，$Cl_t^{\leqslant}(x)$确定了属于“良好”类别或者一个次优先类别，也就是“好”的对象集。

对于 $t=1$，有

$$Cl_t^{\geqslant}(x)=\{X_1,X_2,X_3,X_4,X_5,X_6,X_7\}$$

$$Cl_t^{\leqslant}(x)=\{X_3,X_4,X_7\}$$

8.2.4 下近似

粗糙集理论中的下近似定义了一组对象，而这些对象相对于给定的属性必然属于一个决策类别。在 DSAR 中，考虑到 $P\subseteq C$，则 $Cl_t^{\geqslant}(x)$关于 P 的下近似确定了所有确定属于 $Cl_t^{\geqslant}(x)$的对象。同理可得，$Cl_t^{\leqslant}(x)$关于 P 的下近似确定了所有确定属于 $Cl_t^{\leqslant}(x)$的对象。

从数学上来说，即有

$$\underline{P}(Cl_t^{\geqslant})=\{x\in U:D_P^+(x)\subseteq Cl_t^{\geqslant}\}$$

对于 $Cl_t^{\leqslant}(x)$，有

$$\underline{P}(Cl_t^{\leqslant})=\{x\in U:D_P^-(x)\subseteq Cl_t^{\leqslant}\}$$

使用表 8.1 给出的样本数据集，进行包括三个步骤的计算。我们下面结合一个示例进行逐步解释，以对$\underline{P}(Cl_t^{\geqslant})$ 的计算过程进行说明。

步骤 1：计算属于类别 $Cl_t^{\geqslant}(x)$的并集的对象。这与在传统粗糙集理论中利用决策属性计算等价类结构一样。在我们的实例中，计算当 $t=2$ 时的下近似 $\underline{P}(Cl_t^{\geqslant})$，即

$$Cl_t^{\geqslant}=\{X_1,X_2,X_5,X_6\}$$

步骤 2：计算每个在第一步中确认的对象的 $D_P^+(x)$。在我们的实例中，即有

对于 X_1：$D_P^+(\mathrm{X}_1)=\{X_1,X_2,X_4,X_6\}$

对于 X_2：$D_P^+(X_2)=\{X_2\}$

对于 X_5：$D_P^+(X_5)=\{X_2,X_5\}$

对于 X_6：$D_P^+(X_6)=\{X_1,X_2,X_4,X_6\}$

从上面的例子中可以明显看出，我们必须为每个单独的对象计算 $D_P^+(x)$，这是一个计算量非常庞大的步骤，因为它需要多个数据集传递；如果数据集的规模较大，这可能会产生非常庞大的计算工作量。

步骤 3：我们实际计算下近似。在步骤 2 中确认的集合是在步骤 1 中确认的集合的子集，它将在这一步中成为下近似的一部分。对于这些对象，我们可以确定得出结论：它们属于 t 类别或者更优先类别的并集。因此，即有

$$\underline{P}(Cl_t^{\geqslant})=\{X_2,X_5\}$$

注意：在计算$\underline{P}(Cl_t^{\leqslant})$的下近似时，我们应遵循相同的三个步骤。

8.2.5 上近似

在传统基于粗糙集理论的技术中，上近似定义了一组可能属于概念 X 的对象。在 DSAR 中，对于 $P\subseteq C$ 而言，$Cl_t^{\geqslant}(x)$的 P 上近似确定了所有可能属于 $Cl_t^{\geqslant}$

(x)类别的并集的对象。同理可得，$Cl_t^{\leqslant}(x)$的 P 上近似确定了所有可能属于 $Cl_t^{\leqslant}(x)$类别的并集的对象。

从数学上来说，即有

$$\underline{P}(Cl_t^{\geqslant}) = \{x \in U : D_P^-(x) \cap Cl_t^{\geqslant} \neq \varnothing\}$$

对于 $Cl_t^{\leqslant}$，有

$$\underline{P}(Cl_t^{\leqslant}) = \{x \in U : D_P^+(x) \cap Cl_t^{\leqslant} \neq \varnothing\}$$

也就是说，我们无法肯定地得出对象属于 $Cl_t^{\geqslant}(x)$的并集的结论。同理，对于 $\overline{P}(Cl_t^{\leqslant})$ 的情况也是一样的。

上近似的计算也包括三个步骤。现在，我们使用一个实例对如何计算上近似进行解释。

我们依然使用之前的表 8.1 来计算 $t=2$ 时，$\overline{P}(Cl_t^{\leqslant})$的 P 上近似。

步骤 1：与 P 下近似相同，在计算 P 上近似时，首先是计算属于类别 $Cl_t^{\geqslant}$ 的并集的所有对象。在我们的实例中，即有

$$Cl_t^{\geqslant} = \{X_1, X_2, X_5, X_6\}$$

步骤 2：我们计算属于步骤 1 中确认的集合的每个对象的 $D_P^-(X_1)$。在我们的实例中，即有

对于 X_1：$D_P^-(X_1) = \{X_1, X_3, X_4, X_6, X_7\}$

对于 X_2：$D_P^-(X_2) = \{X_2\}$

对于 X_5：$D_P^-(X_5) = \{X_3, X_5, X_7\}$

对于 X_6：$D_P^-(X_6) = \{X_1, X_3, X_4, X_6, X_7\}$

应当注意的是，这一步会显著降低性能，因为对于每个对象来说，我们都需要找到控制它的对象。这需要对每个对象的数据集进行一次完整的遍历。因为我们在 $Cl_t^{\geqslant}$ 中共有四个对象，所以必须对数据集进行四次遍历。

步骤 3：最后，我们确定属于 P 上近似的对象。这要求确定子集（在步骤 2 中确认）中与步骤 1 中确认的集合存在非空交集的对象。

在我们的实例中，所有 $D_P^-(X_1)$、$D_P^-(X_2)$、$D_P^-(X_5)$和 $D_P^-(X_6)$都存在非空交集。所以，当 $t=2$ 时，$\overline{P}(Cl_t^{\geqslant})$应为

$$\overline{P}(Cl_t^{\geqslant}) = \{X_1, X_2, X_3, X_4, X_5, X_6, X_7\}$$

对于 $\overline{P}(Cl_t^{\geqslant})$，执行相同的步骤。所有基于优势关系粗糙集技术的算法都使用这种技术，这会影响算法的性能。如果将这些算法用于较大的数据集，则会导致算法性能的显著降低。

计算近似的伪代码：

优势关系粗糙集技术几乎使用相同的技术来计算这些近似，同时还额外考虑了优势关系。所以，优势关系粗糙集技术也同样存在挑战性。使用传统技术计算这些近似值需要三个步骤。在第一步，计算 $Cl_t^{\geqslant}$ 或者 $Cl_t^{\leqslant}$ 结构，具体取决于我们

需要计算的近似。

例如，图 8.1 显示了在 $\overline{P}(Cl_t^{\geqslant})$ 条件下计算 $Cl_t^{\geqslant}$ 的伪代码。

```
∀i∈U
If Cl_i ≥ Cl_t
Cl_t^≥ = Cl_t^≥ ∪ Cl_i
```

图 8.1 计算下近似的第一步的伪代码

在提供的伪代码中，Cl_i 代表数据集中第 i 个对象的决策类别，而 Cl_t 代表我们需要计算 $\overline{P}(Cl_t^{\geqslant})$ 的那个决策类别。在这里，我们需要对整个数据集进行遍历，才能计算 $\overline{P}(Cl_t^{\geqslant})$。

在第二步中，我们计算 $D_P^+(x)$，它包含了等于或者大于 $Cl_t^{\geqslant}(x)$ 中每个对象的所有对象。这意味着，如果 $Cl_t^{\geqslant}(x)$ 包括五个对象，我们需要遍历数据集五次才能计算每个对象的 $D_P^+(x)$。数据集越大，说明 $Cl_t^{\geqslant}(x)$ 中对象的个数就越多，因此遍历数据集的次数也越多，这会显著影响算法的性能。这一步的伪代码如图 8.2所示。

```
∀i∈Cl_t^≥
∀j∈U
  If X_j ≥ X_it
   D_P^+(X_i) = D_P^+(X_i) ∪ X_j
```

图 8.2 计算下近似的第一步的伪代码

其中，X_j 代表数据集中第 j 个对象，而 X_{it} 代表 $Cl_t^{\geqslant}$ 中第 i 个对象。

现在，我们开始计算 $\underline{P}(Cl_t^{\geqslant})$，它包括的对象（在第二步中确定）是在第一步中确定的对象集的子集。图 8.3 显示了这一步的伪代码。

其中，$D_P^+(X_{ji})$ 表示集合中第 j 个对象，而这个集合是由 $Cl_t^{\geqslant}$ 中所有大于 X_i 的对象组成；$Cl_{kt}^{\geqslant}$ 则代表第 k 个对象。

```
∀i∈Cl_t^≥
∀j∈D_P^+(X_i)
∀k∈Cl_t^≥
  Calculate D_P^+(X_ji) ⊆ Cl_kt^≥
```

图 8.3 计算下近似的第一步的伪代码

很明显，如果涉及较大数据集时，传统技术遇到了严重的性能挑战。因此，我们需要一种更有效的技术来求解上、下近似。

8.3 一些基于优势关系粗糙集的技术

自出现以来，基于优势关系的粗糙集技术就已被用于许多领域的各类任务。这里我们将对文献中选取的几个基于优势关系粗糙集技术的算法进行讨论。

在参考文献［12］中，作者使用了改进的优势关系粗糙集技术对医疗数据进行分类。优势关系粗糙集技术用于排序属性，所提出的技术用于标称属性。作者建议使用决策表来确定优势关系，并在整个数据集上应用改进的优势关系粗糙集技术来确定上、下近似。最后，利用属性约简技术以确定属性的约简个数，从而进行分类。

所提出的技术包括五个步骤：第一步，他们构建了应用优势关系粗糙集技术的决策表；第二步，根据这个决策表，使用传统技术计算上、下近似；第三步，计算边界值和相关性；第四步，找出约简和核并进行特征选择；第五步，通过规则生成步骤以进行分类。

图 8.4 对五步法进行了说明。

第一步：构建决策表以应用优势粗糙集。

第二步：根据决策表，使用以下公式确定上、下近似：

$$\underline{P}(Cl_t^{\geqslant}) = \{x \in U: D_P^{+}(x) \cap Cl_t^{\geqslant}\}$$

$$\underline{P}(Cl_t^{\leqslant}) = \{x \in U: D_P^{-}(x) \cap Cl_t^{\leqslant}\}$$

$$\overline{P}(Cl_t^{\geqslant}) = \{x \in U: D_P^{-}(x) \cap Cl_t^{\geqslant} \neq \varnothing\}$$

$$\overline{P}(Cl_t^{\leqslant}) = \{x \in U: D_P^{+}(x) \cap Cl_t^{\leqslant} \neq \varnothing\}$$

第三步：确定边界值和相关性。

第四步：确定约简集和核集，以应用特征选择。

第五步：应用规则生成以进行分类。

图 8.4　参考文献［12］中的改进优势粗糙集（Improved Dominance-based Rough Set，IDRSA）五步法

在参考文献［13］中，作者利用前一周的历史数据，应用优势关系粗糙集技术以预测下周可能退出大规模在线开放课程（Massive Open Online Course，MOOCS）的学生人数。提出的技术涉及两类学生，Cl_1 表示“存在学习风险的人员”，Cl_2 表示“主动学习人员”。

这个技术分为两步：第一步是推导出学生的偏好模式；第二步则是对上述类别的学生进行分类。第一步本身还包括以下三个步骤：

（1）确定学习者的学习实例；

（2）构建学习者轮廓特征的一致性标准；

（3）推断一个偏好模型，从而得到一组决策规则。

图 8.5 对这个两步法的技术进行了说明。

在参考文献［14］中，作者提出了一种基于优势关系粗糙集的技术来预测航空公司的顾客行为。这可以帮助管理者获得新客户并保留高价值客户。从国际航空公司客户的大样本中提取了一组规则，并对其预测能力进行了评价。实验结果证明了这个技术的有效性。在参考文献［15］中，作者提出了一种寻找优势关系粗糙集约简的新技术。他们对优势关系粗糙集的属性约简进行了研究，同时对基于类别的约简以及它们与先前约简的关系进行了介绍。

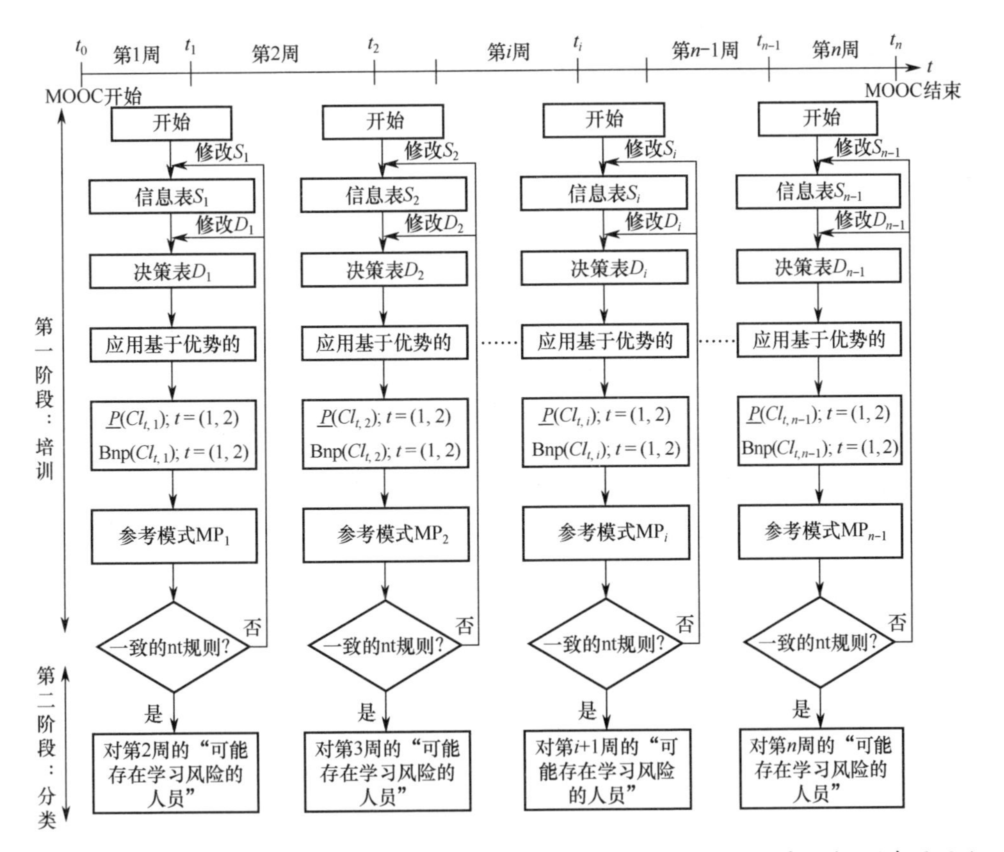

图 8.5 使用参考文献［13］中的优势关系粗糙集技术对“存在学习风险的人员”进行的每周预测

基于类别的约简共分三类：第一类约简称为 L 约简，它保留了决策类的下近似；第二类约简称为 U 约简，它保留了决策类的上近似；第三类约简称为 B 约简，保留了决策类的边界区域。他们还证明，在与广义决策相关的两个差别矩阵的基础上，所有类型的约简都可以被全面地枚举。

还有许多其他的技术[16-19]将优势关系粗糙集技术应用于不同目的。目前讨论的所有技术都是使用静态数据集，也就是这些数据集基于以下概念：基础数据是完整的，并且在运行时不会添加更多的数据。然而，有许多增量技术[20-23]，能够考虑动态信息系统并计算近似值。

在动态信息系统中，随着时间的推移，信息不断增加。因此，一旦计算得出近似值，我们就需要定期进行更新，以在数据集中添加新信息。图 8.6 和图 8.7 显示了参考文献［20］中使用非增量和增量技术更新优势关系粗糙集技术近似值的算法。

在参考文献［24］中，Shen 和 Zeng 使用基于优势关系的粗糙集技术进行预测。他们从决策规则中确定了核心属性，再使用综合多准则决策技术进行处理，从而进行选择并制定改进方案。利用 VIKOR 技术和 DANP 的影响权重，决策者可以将会缩小各个指标之间的差距，以达到期望水平。检索到的属性被用于收集领域专家的知识以进行选择和改进。

```
Input:
A decision system.      //决策系统
Output:
begin
for i =1→|U| do for j = 1→|U| do ∅P(i,j)←0;
        for i =1→|U| do
                for j = 1→|U| do
                        for s = s →|P| do
                            if ft+1(xi - as)≥ft+1(xj - as)then∅P(i,j)←∅P(i,j) +1;
                        end
                end
        end
        for i = 1→|U| do

            Compute Dp+(Xi) and Dp-(Xi)
        end
        for n = 2→mdo
            Compute Cln≥ and Cln-1≤;
            Compute P(Cln≥),P̄(Cln≥),P(Cln-1≤)andP̄(Cln-1≤);
        end
        output the result
end
```

图 8.6　参考文献 [20] 中计算优势关系粗糙集技术近似值的非增量算法

```
input:
1)The dominance matrix RP, the P - dominating and P - dominating sets at time t;
2)The approximation of DRSA at time t;
3)The attribute values varied at time t +1.
output:
The approximation of DRSA at time t +1.
begin
for i = 1→|U| do for j = 1→|U| do Δ∅P(i,j)←0;
forall the (k,s)∈VV do //(k, s)是集合 VV 的一个元素,其 k 是对象的索引,该对象关于属性 as
的值在动态计算过程中发生了变化.
    for i = 1→|U| do
        if ft+1(xi,as)≥ft+1(xk,as)∧rt^as(i,k) =0 then Δ ∅P(i,k)←Δ∅P(i,k) +1;
        if ft+1(xi,as) < ft+1(xk,as)∧rt^as(i,k) =1 then Δ ∅P(i,k)←Δ∅P(i,k) -1;
        if ft+1(xi,as)≥ft+1(xi,as)∧rt^as(k,i) =0 then Δ ∅P(k,i)←Δ∅P(k,i) +1;
        if ft+1(xk,as)≥ft+1(xi,as)∧rt^as(k,i) =1 then Δ ∅P(k,i)←Δ∅P(k,i) -1;
    end
end
for i = 1→|U| do
      Compute Δ+Dp+(Xi),Δ-Dp+(Xi),Δ+Dp-(Xi)andΔ-Dp-(Xi);
Dp+ (Xi)t+1←Dp+ (Xi)t∪Δ+Dp+(Xi) - Δ-Dp+(Xi);
      Dp- (Xi)t+1←Dp- (Xi)t∪Δ+Dp-(Xi) - Δ-Dp-(Xi);
```

end
for n = 2→m **do**
  Compute $\Delta^{+}\underline{P}(Cl_n^{\geqslant}),\Delta^{-}\underline{P}(Cl_n^{\geqslant}),\Delta^{+}\overline{P}(Cl_n^{\geqslant})\text{and}\Delta^{-}\overline{P}(Cl_n^{\geqslant})$;
  $\underline{P}(Cl_n^{\geqslant})_{t+1}\leftarrow\underline{P}(Cl_n^{\geqslant})_t\cup\Delta^{+}\underline{P}(Cl_n^{\geqslant})-\Delta^{-}\underline{P}(Cl_n^{\geqslant})$;
  $\overline{P}(Cl_n^{\geqslant})_{t+1}\leftarrow\overline{P}(Cl_n^{\geqslant})_t\cup\Delta^{+}\overline{P}(Cl_n^{\geqslant})-\Delta^{-}\overline{P}(Cl_n^{\geqslant})$;
  $\underline{P}(Cl_{n-1}^{\leqslant})_{t+1}\leftarrow\underline{P}(Cl_{n-1}^{\leqslant})_t\cup\Delta^{-}\overline{P}(Cl_n^{\geqslant})-\Delta^{+}\overline{P}(Cl_n^{\geqslant})$;
  $\overline{P}(Cl_{n-1}^{\leqslant})_{t+1}\leftarrow\overline{P}(Cl_{n-1}^{\leqslant})_t\cup\Delta^{-}\overline{P}(Cl_n^{\geqslant})-\Delta^{+}\overline{P}(Cl_n^{\geqslant})$;
 end
 output the result
end

图 8.7 参考文献 [20] 中动态更新优势关系粗糙集技术近似值的增量算法

图 8.8 是他们所提出模型的输入技术的说明。

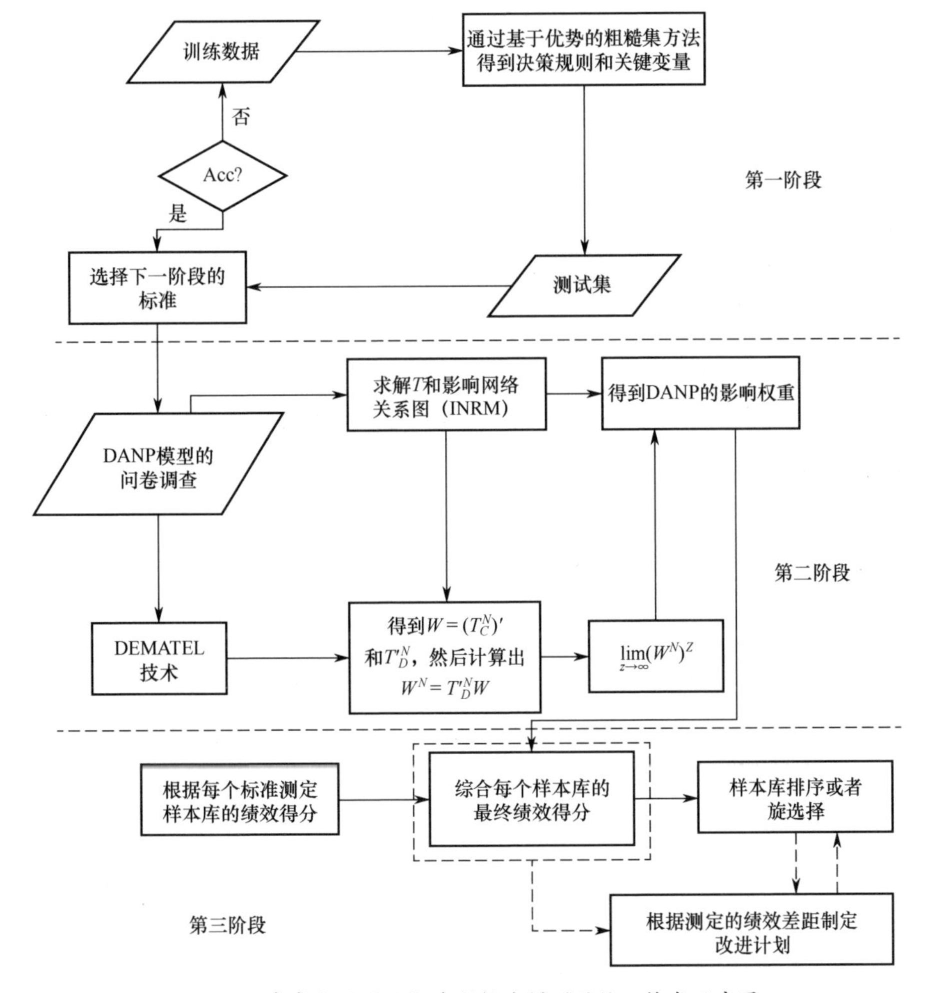

图 8.8 参考文献 [24] 中所提出模型的输入技术示意图

在参考文献［16］中，Du 和 Hu 提出了不完备信息系统的属性约简技术。文章针对不完备序信息系统，提出了一种新的优势关系——基于特征的优势关系。研究还讨论了分辨矩阵和分辨函数，计算不完备序信息系统（一致的不完备序决策表）中的所有（相对）约简。为了减少计算量，使用每个候选标准的内部和外部重要度，设计了一种具有多项式时间复杂度的启发式算法以寻找单个（相对）约简。

图 8.9～图 8.12 说明了参考文献［16］中所提出算法的伪代码。

```
Input: an incomplete ordered information system S = (U,AT,V,f),A⊆AT.
Output: all A - dominating sets of objects x from U, namely, D_A^◇+(x), ∀x∈U.
1. for each x,y∈U do
2. set m←0;
3. for each a∈A do
4. if(f(y,a) = ? or f(y,a) = * or f(y,a)≥f(x,a)) then
5. m←m+1;
6. end if
7. end for
8. if m = |A| then
9. D_A^◇+(x)←D_A^◇+(x)∪y;
10. end if
11. return D_A^◇+(x);
12. end for
```

图 8.9　计算所有优势集的算法

```
Input: A - dominating/dominated sets with respect to all objects from U, U/D_d^+ =
{Cl_t^≥}.
Output: all lower and upper approximations of Cl_t^≥ with respect to A.
1. for each Cl_t^≥ ∈U/D_d^+ do
2. for each x∈U do
3. if D_A^◇+(x)∩Cl_t^≥ = D_A^◇+(x) then
4. A_(Cl_t^≥)←A_(Cl_t^≥)∪x;
5. end if
6. if D_A^◇-(x)∩Cl_t^≥ ≠0 then
7. Ā(Cl_t^≥)←Ā(Cl_t^≥)∪x;
8. end if
9. end for
10. Bn_A(Cl_t^≥)←Ā(Cl_t^≥) - A_(Cl_t^≥);
11. return A_(Cl_t^≥),Ā(Cl_t^≥),Bn_A(Cl_t^≥);
12. end for
```

图 8.10　计算粗糙近似的算法

在参考文献［25］中，马西亚格等人对他们原来针对界面个性化而开发的程序进行了完善，以便将其应用于网上购物工具。最初作者使用的是粗糙集理论，但是在参考文献［25］中，他们使用基于优势关系的粗糙集技术取代了它，并使用通过优势关系粗糙集技术得到的结果对他们最初过程的两个阶段进行了分析和实证评估。在第一阶段，CRSA 的分类精度略高。在第二阶段，他们发现原来的程序可以使用最新获得的信息进一步发展，从而通过基于优势关系的粗糙集技术获得的结果，实现额外的设计改进。作者还对原始程序可能的第三阶段进行了讨论，即结合通过优势关系粗糙集技术分析得到的结果以突出产品和特征，而这类产品和特征正是以产品特征价值和消费者偏好之间的跨集群相似性为目标。

```
Input: an incomplete ordered information system S = (U,AT,V,f).
Output: all reducts of S.
1. for each x,y ∈ Udo      //compute the discernibility matrix D 计算差别矩阵 D
2. D(x,y)←∅;
3. for each a ∈ ATdo
4. if(f(x,a) < f(y,a) or f(y,a) = * andf(x,a) is specified))then
5. D(x,y)←D(x,y) ∪ a;   //把 a 放入 D(x,y)之中
6. end if
7.       end for
8. ond for
9. set F∧(∨)←1;
10. for each x,y ∈ Udo
11. if D(x,y) ≠ ∅ then
12. Fxy = ∨{a | a ∈ (x,y)};   //求 D(x,y)的析取
13. end if
14. F∧(∨) = F∧(∨) ∧ Fxy; //S 的差别函数
15. end for
16. F∨(∧)←F∧(∨);   //将合取范式 F∧(∨)转化为最小析取范式 F∨(∧)
17. return RED←{red | red ∈ F∨(∧)};   //所有的简集 RED
```

图 8.11　计算 IOIS 中所有约简的分辨矩阵法

```
Input: an incomplete ordered information system S = (U,AT,V,f).
Output: all reduct of S.
1. set B←∅; //初始化 B,它是 S 的一个约简
2. for each a ∈ ATdo
3. compute sig≥inner(a,AT) = Σx∈U |D◇+AT-{a}(x)| / |U|² - Σx∈U |D◇+AT(x)| / |U|²;
4. sig≥inner(a,AT) > 0 then //对 AT,"a"是不可省略的
5. B←B∪a;
6. end if
7. end for   //B 是 S 的核
8. for each a ∈ AT - Bdo
9. compute sig≥outter(a,B) = Σx∈U |D◇+B(x)| / |U|² - Σx∈U |D◇+B∪(a)(x)| / |U|²;
10. end for

11. select an a which satisfies sig≥outter(a,B) = max b∈AT-B sig≥outter(b,B);
12. if sig≥outter(a,B) = 0 then
13. go to step 16;
14. else B←B∪a;
```

```
15.end if
16.if θ^≽_B = θ^≽_AT then   //检查停止条件
17.delete the redundant element in B;
18.return B;
19.else go to step 8;
20.end if
```

图 8.12　获取 IOIS 中某个约简的启发式算法

图 8.13 和图 8.14 展示了作者使用 CSRA 和优势关系粗糙集技术进行评估的模型视图。

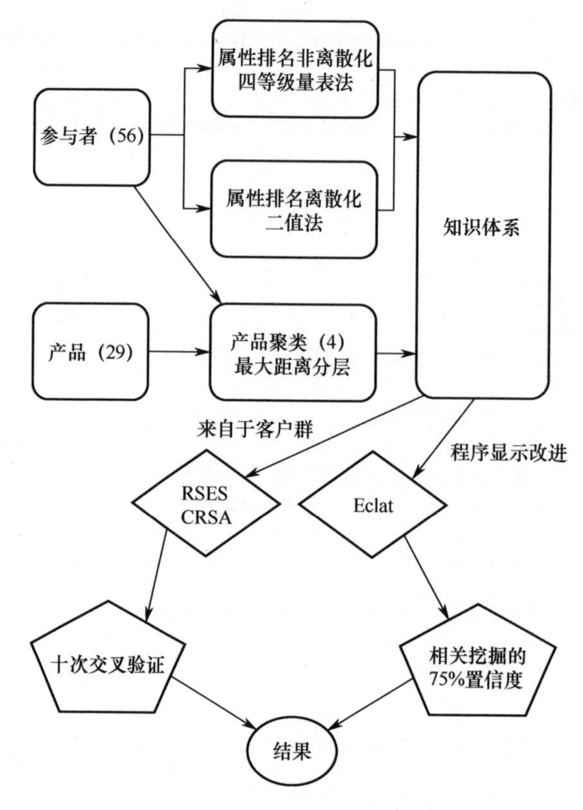

图 8.13　使用 CRSA 的程序的模型视图[25]

在参考文献［26］中，Zifu 等人采用优势粗糙集技术构建了分类模型，以对应急通信进行判断。在他们的模型中，首先采用专家访谈的技术提出了应急通信的分类指标体系，然后使用优势关系粗糙集技术完成数据样本，进行属性约简，并提取应急通信分类的偏好决策规则。应急通信分类模型的构建主要分为两个阶段，即指标提取以及基于优势粗糙集的数据挖掘，他们的模型构建步骤如图 8.15所示。

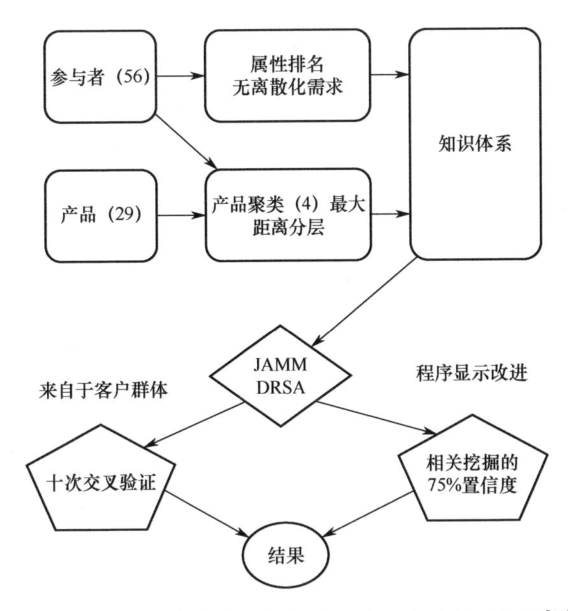

图 8.14　使用优势关系粗糙集技术的程序的模型视图[25]

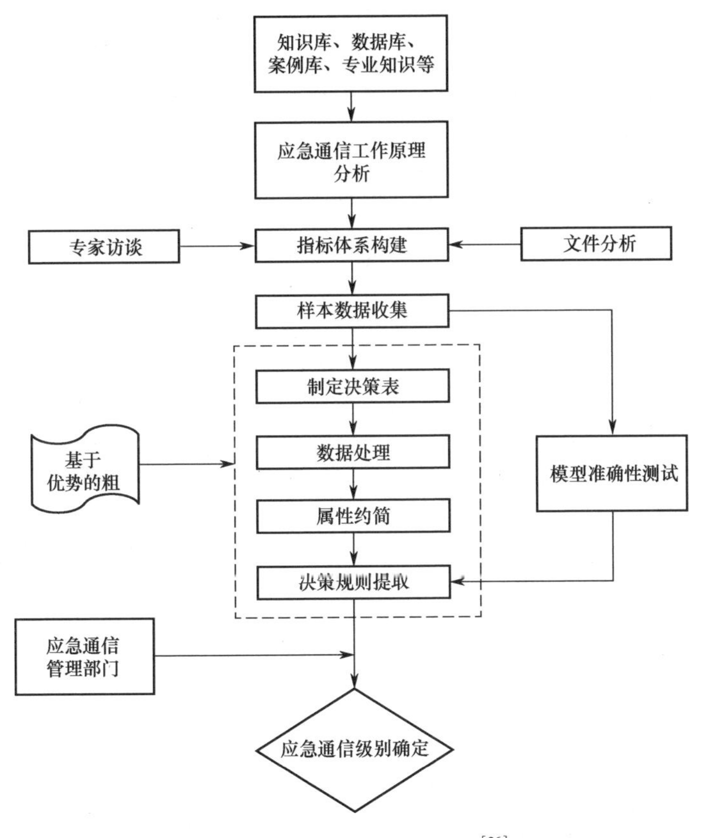

图 8.15　应急通信分类模型[26]

8.4 小　　结

在本章中，我们对基于优势关系的粗糙集技术进行了详细讨论。从基本概念开始，通过相关实例的逐步分析及求取粗糙近似的伪代码，对优势关系粗糙集的基础知识进行了介绍。然后，我们对关于优势关系粗糙集的文献中的一些最新研究技术进行了讨论。本章的目的在于奠定坚实的优势关系粗糙集技术运用基础。在接下来的章节中，我们将讨论优势关系粗糙集中用于计算优势和近似的 VBA 代码。

参考文献

1. Słowiński R, Greco S, Matarazzo B (2007) Dominance-based rough set approach to multiple criteria decision support. Multiple criteria decision making/University of Economics in Katowice 2:9–56
2. Greco S, Matarazzo B, Słowiński R (1999) Rough approximation of a preference relation by dominance relations. Eur J Oper Res 117:63–83
3. Greco S, Matarazzo B, Słowiński R (2001) Rough sets theory for multicriteria decision analysis. Eur J Oper Res 129:1–47
4. Greco S, Matarazzo B, Slowinski R (2002) Multicriteria classification. In: Kloesgen W, Zytkow J (eds) Handbook of data mining and knowledge discovery, vol 1, no 9. Oxford University Press, pp 318–328 (chapter 16)
5. Błaszczynski J, Greco S, Słowinski R (2011) Inductive discovery of laws using monotonic rules, Eng Appl Artif Intell. https://doi.org/10.1016/j.engappai.2011.09.003
6. Hu Q, et al (2017) Spare parts classification in industrial manufacturing using the dominance-based rough set approach. Eur J Oper Res 262(3): 1136–1163
7. Mohamad M, Selamat A (2018) Analysis on hybrid dominance-based rough set parameterization using private financial initiative unitary charges data. In: Asian conference on intelligent information and database systems. Springer, Cham
8. Augeri MG et al (2010) Dominance-based rough set approach to budget allocation in highway maintenance activities. J Infrastruct Syst 17(2):75–85
9. Marin JC, Zaras K, Boudreau-Trudel B (2014) Use of the dominance-based rough set approach as a decision aid tool for the selection of development projects in Northern Quebec. Mod Econ 5(07):723
10. Pancerz K (2012) Dominance-based rough set approach for decision systems over ontological graphs. In: 2012 federated conference on computer science and information systems (FedCSIS). IEEE
11. Susmaga R (2014) Reducts and constructs in classic and dominance-based rough sets approach. Inf Sci 271:45–64
12. Azar AT, Inbarani HH, Devi KR (2017) Improved dominance rough set-based classification system. Neural Comput Appl 28(8):2231–2246
13. Bouzayane S, Saad I (2017) Weekly predicting the at-risk MOOC learners using dominance-based rough set approach. In: European conference on massive open online courses. Springer, Cham
14. Liou JJ, Tzeng GH (2010) A dominance-based rough set approach to customer behavior in the airline market. Inf Sci 180(11):2230–2238
15. Kusunoki Y, Inuiguchi M (2010) A unified approach to reducts in dominance-based rough set approach. Soft Comput 14(5):507–515
16. Du WS, Hu BQ (2016) Dominance-based rough set approach to incomplete ordered information systems. Inf Sci 346:106–129

17. Li S, Li T, Zhang Z, Chen H, Zhang J (2015) Parallel computing of approximations in dominance-based rough sets approach. Knowl Based Syst 87:102–111
18. Zhang HY, Yang SY (2017) Feature selection and approximate reasoning of large-scale set-valued decision tables based on α-dominance-based quantitative rough sets. Inf Sci 378:328–347
19. Augeri MG, Cozzo P, Greco S (2015) Dominance-based rough set approach: an application case study for setting speed limits for vehicles in speed controlled zones. Knowl Based Syst 89:288–300
20. Li S, Li T (2015) Incremental update of approximations in dominance-based rough sets approach under the variation of attribute values. Inf Sci 294:348–361
21. Li S, Li T, Liu D (2013) Incremental updating approximations in dominance-based rough sets approach under the variation of the attribute set. Knowl Based Syst 40:17–26
22. Li Y, Jin Y, Sun X (2018) Incremental method of updating approximations in DRSA under variations of multiple objects. Int J Mach Learn Cybernet 9(2):295–308
23. Luo C, et al (2015) Fast algorithms for computing rough approximations in set-valued decision systems while updating criteria values. Inf Sci 299:221–242
24. Shen KY, Tzeng GH (2015) A decision rule-based soft computing model for supporting financial performance improvement of the banking industry. Soft Comput 19(4):859–874
25. Maciag T, et al (2007) Evaluation of a dominance-based rough set approach to interface design. In: 2007 Frontiers in the convergence of bioscience and information technologies. IEEE
26. Zifu F, Hong S, Lihua W (2015) Research of the classification model based on dominance rough set approach for China emergency communication. Math Prob Eng (2015)

第 9 章　模糊粗糙集

本章将讨论模糊粗糙集理论，介绍一些核心的基本知识以及必要的细节。我们还将从文献中选择一些前沿模糊粗糙集技术进行讨论。

9.1　模糊粗糙集模型

粗糙集理论的一个特殊用途是属性约简，这适用于属性具有离散值的情况。但是在实际应用中，属性可能有实际值，这可能就无法使用粗糙集理论进行精确处理。虽然粗糙集理论提供了一个离散化过程，但它却会导致信息的丢失。这种情况下，我们就可以应用模糊粗糙集理论。

模糊粗糙集是粗糙集的广义化。在粗糙集中，成员可能属于下近似，也可能不属于下近似。一个属于下近似且隶属度为“1”的成员，就称它属于一个具有绝对确定性的近似空间。但是，模糊粗糙集可能不是这种情况，因为其中成员可能属于下、上近似且隶属度为 0 ~ 1。这就可以为处理不确定性信息提供更大的帮助。

9.1.1　模糊近似

一个粗糙集可以使用模糊隶属函数 $\mu \to \{0,0.5,1\}$ 来表示，以描述负域、边界域和正域。

在此，我们提供了模糊上、下近似的形式定义，如下所示：

$$\mu_{\underline{P}X}(F_i)=\inf\max\{1-\mu_{F_i}(x),\mu_X(x)\}\ \forall I$$

$$\mu_{\overline{P}X}(F_i)=\inf\max\{\mu_{F_i}(x),\mu_X(x)\}\ \forall I$$

式中：F_i 为等价类；X 为要求近似的模糊概念。

注意：虽然属性选择中的论域是有限的，但一般情况却并非如此，因此使用了 sup 和 inf[1]。值得注意的是，这些定义与上、下近似（在明确的情况下）会存在一点不同，因为对象对这两种近似的隶属关系没有明确定义。因此，对模糊上、下近似重新定义，如下所示[1]：

$$\mu_{\underline{P}X}(x)=\sup_{F_E U/P}\min(\mu_F(x),\inf_{y\in U}\max\{1-\mu_{F_i}(x),\mu_X(y)\})$$

$$\mu_{\overline{P}X}(F_i)=\operatorname*{sip}_{F_E U/P}\min(\mu_{F_i}(x),\sup_{y\in U}\min\{\mu_F(x),\mu_X(y)\})$$

如前所述，模糊粗糙集被定义为模糊上、下近似，因此，值对 $\langle \underline{P}X,\overline{P}X\rangle$ 就称为模糊粗糙集。

9.1.2 模糊正域

在传统粗糙集理论中，正域是属于决策类别下近似的对象的并集。在模糊粗糙集理论中，正域可以定义为

$$\mu_{\mathrm{POS}_{P(Q)}}(x) = \sup_{x \in U/Q} \mu_{\underline{PX}}(x)$$

只有当对象 x 所属于的等价类不是正域的组成部分时，对象 x 才不会属于正域[1]。

由此得到了模糊相关性函数的定义，如下所示：

$$\gamma_P(Q) = \frac{\mu_{\mathrm{POS}_{P(Q)}}(x)}{|U|}$$

9.2 基于模糊粗糙集的技术

在参考文献［2］中，Qian 等人提出了一种叫作前向近似的加速程序，它可以将样品缩减和维数缩减结合在一起。然后，将这个策略用于优化模糊-粗糙特征选择的启发式过程。在加速程序的基础上，设计了一种改进的特征选择算法。使用这个加速器，对三种具有代表性的启发式模糊-粗糙特征选择算法进行了改进。该算法使用了前向特征选择，首先从一个空集开始，然后不断添加具有最大重要度的属性。这个过程一直持续，直到我们得到约简。

图 9.1 显示了参考文献［2］中这个使用前向近似的模糊粗糙集特征选择算法的伪代码。

```
Input: Decision table S = (U,C∪D);
Output: One feature subset red.
Step 1: red ← ∅, i ← 1, R1 ← red, P1 ← {R1} and U1 ← U; //red is the pool to conserve
the selected attributes
Step 2: While EF(red, D) ≠ EF(C, D) Do //"red"为保存被选属性的集合给出了一个停止条件
{
Compute the positive region of forward approximation POS^U_Pi(D)
U_i+1 ←U - POS^U_Pi(D)
i ← i + 1,
B ← C - red,
Select a_0∈B which satisfies Sig(a_0,red,D,U_i) = max{Sig(a_k,red,D,U_i),a_k ∈ B},
IfSig(a_0,red,D,U_i) >0, then red←red∪{a_0},
R_i←R_i ∪{a_0},
P_i←{R_1,R_2,…,R_i};
}
Step 3: Return red and end.
```

图 9.1 基于前向近似（Forward Approximation，FA）的改进特征选择算法

在参考文献［3］中，作者提出了一种基于模糊粗糙集的数据约简算法，称

为“通过模糊粗糙集特征选择增强进化实例选择算法（EIS-RFS）”。这个算法可以同时实现横向和纵向的数据约简。实例选择使用稳态遗传算法。然后，结合基于模糊粗糙集的特征选择过程，以搜索最感兴趣的特征，从而同时增强进化搜索过程以及最终的预处理数据集。

图 9.2 显示了这个算法的流程图并给出了主要步骤，如下所示。

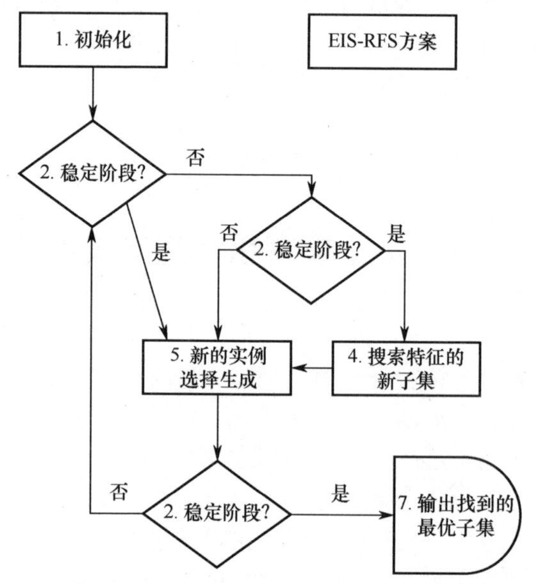

图 9.2　描述 EIS-RFS 主要步骤的流程图

（矩形表示过程，菱形则表示参考文献［3］中所提出算法所做的决策）

初始化（第一步）：在这一步中，染色体被初始化，然后选择特征的初始子集。

搜索特征的新子集（第四步）：这个过程采用基于粗糙集理论的特征选择过滤技术，以种群中当前最优染色体作为输入。

新的实例选择生成（第五步）：这个过程使用稳态遗传算法进行。

输出找到的最优子集（第七步）：当已经进行了固定次数的评估之后，选择种群中最好的染色体作为发现实例的最佳子集。

其余的操作（第二步、第三步和第六步）控制前面的每一个程序是否应该执行。

在参考文献［4］中，JenSen 等人给出了一种基于模糊–粗糙的全新快速约简算法。这个算法使用了一个全新的相关性函数 γ' 来选择需要添加到当前约简集中的属性。这个算法的工作方式与原始快速约简算法相同。应当注意的是，在传统粗糙集理论中，约简集是一个其属性相关性关系与整个特征集相关性相同的集合，在一致数据集中相关性通常为“1”；但是，模糊粗糙技术可能就并非如此，因为如果对象属于许多模糊等价类时，遇到的不确定性就会导致总相关性的减少。另一种技术则是找到整个特征集的相关性关系，并将其作为分母，以使 γ' 达到"1"。在这个基础上，提出了模糊-粗糙快速约简算法。算法伪代码如图 9.3 所示。

```
QUICKREDUCT(C, D)
C, The set of all conditional feature     //条件属性集.
D, The set of decision features     //决策属性集.
1)  R←{};γ'best =0;γ'prev =0
2)  do
3)  T←R
4)   γ'prev =γ'best
5)   ∀x∈(C-R)
6)        if γ'RU{x}(D) >γ'T(D)
7)  T←RU{x}
8)  R←T
9)until γ'best ==γ'prev
10)teturn R
```

图 9.3 模糊-粗糙快速约简算法[4]

在参考文献［5］中，Wang 等人提出了一个基于模糊粗糙集的特征选择拟合模型。现有的模糊-粗糙技术使用模糊粗糙相关性来选择特征。但是，这个模型仅能维持一个最大相关性函数。它不能很好地拟合给定的数据集，也不能理想地描述样本分类的差异。因此，作者提出了一个全新的模型来处理这一问题。首先，他们利用模糊邻域的概念定义了样本的模糊决策。然后，引入一个参数化模糊关系来表征模糊信息粒，利用这个模糊关系重新构建决策的模糊上、下近似，并引入一个全新的模糊粗糙集模型。这样就可以保证样本对其所属类别的隶属度达到最大值。此外，他们的技术可以拟合给定的数据集，并且有效防止样本被错误分类。最后，作者定义了候选属性的重要度，并设计了一种贪婪前向特征选择算法。图 9.4 给出了基于模糊粗糙集模型拟合的启发式算法。

```
Input: Decision table <U,A,D>, thresholds ε and λ     //"ε"为一个样本的模糊邻域阈值,
类似的,"λ"为决策 D 的模糊邻域阈值.
Output: One reduct red.
1. ∀a∈A: compute the relation matrix R_a;
2. Compute the fuzzy decision D̄ = {D̄_1, D̄_2, …, D̄_r};
3. Initialize: red =∅,B =A -red,start =1;     //"Red"为包含被选属性的集合,B 为其余属
性集合.
4. while start
5. T←∅
6.    for each a_i ∈B
7. T←redU{a_i};
8.    Compute fuzzy similarity relation R_j^ξ.
9.    for each x_j ∈U, suppose x_j ∈D_i;
10.    Compute fuzzy lower approximation R_j^ξ(D_i)(x_j).
```

```
11.    end for
12. ∂^s_{redUa_i}(D) = sum( max R^s_T(D_i)) /n;
                         D_i⊂U/D
15.    end for
16.    Find attribute a_k with maximum value ∂^s_{redUa_k}(D).
17.    Compute SIG^s(a_k,red,D) = ∂^s_{redUa_k}(D) - ∂^s_{red}(D).
18.    if SIG^s(a_k,red,D) >0
19. red←redUa_k;
20. B←B - red;
21. else
22.      start = 0;
23.    end if
24. end while
25. return red
```

图 9.4　基于模糊粗糙集拟合的启发式算法

在参考文献［6］中，Dai 等人提出了一种基于信息增益比的模糊粗糙集特征选择技术。然后，将提出的算法用于肿瘤分类。这个算法采用互信息增益比进行属性选择。给定模糊决策系统 PDS = $\{U, C\cup D, V, f\}$，其中 C 是条件属性集，D 是决策属性。$B\subseteq C$，$\forall a\in C-B$，属性 a 的互信息增益比“Gain_Ratio(a,B,D)”可以被定义如下：

$$\widetilde{\text{Gain\_Ratio}}(a,B,D)=\frac{\text{Gain\_Ratio}(a,B,D)}{\widetilde{H}(\{a\})}$$

$$=\frac{\widetilde{I}(B\cup\{a\}:D)-I(B:D)}{\widetilde{H}(\{a\})}$$

$$\text{若 } B=\varnothing,\text{则 }\widetilde{\text{Gain\_Ratio}}(a,B,D)=\frac{\widetilde{I}(\{a\}:D)}{\widetilde{H}(\{a\})}$$

所提出算法的伪代码参见图 9.5。

```
Step 1. LetB =∅;
Step 2. For every attribute a∈C - B, compute the significance of condition attrib-
ute a, Gain~Ratio(a,B,D)
Step 3. Select the attribute which maximize the Gain~Ratio(a,B,D), record it as a;
andB←BU{a};
Step 4. If GainRatio(a, B, D) > 0, thenB←BU{a}, goto Step 2, else goto Step 5;
Step 5. The set B is the selected attributes.
```

图 9.5　基于增益比的属性选择[6]

在参考文献［7］中，Chen 等人提供了一种寻找约简的启发式算法。作者对将高斯核作为模糊 T 相似性关系进行了讨论并提出了一种基于高斯核的模糊粗糙集，并考虑使用高斯核进行属性约简。他们将高斯核引入模糊粗糙集，以计算模糊相似关系，并在提出的模型基础上提出了一种全新的参数属性约简技术。作者同时对利用模糊分辨矩阵对所选属性子集的结构进行了讨论。作者认为，在实际应用中，不需要找到所有的约简。只要使用其中一个约简就足以解决真正的问题。图9.6显示寻找约简的启发式算法。

```
Input: (U,C,D), Reduct ←{}
Step 1: Compute the similarity relation of the set of all condition attributes: R_G^n
Step 2: Compute Pos_c(D) = U_{t=1}^s R_G^n D_t
Step 3: Compute c_ij
Step 4: Compute Core_D(C) = ∪{Q_ij ⊆C:Q_ij = ∩{P:^P2c_ij},i,j =1,2,…,m}; Delete those
c_ij with nonempty overlap with Core_D(C);
Step 5: Let Reduct =Core_D(C);
Step 6: Add the element a whose frequency of occurrence is maximum in all cij into
Reduct;
and delete those c_ij with nonempty overlap with Reduct;
Step 7: If there still exist some cij≠∅, go to Step 6; Otherwise, go to Step 8;
Step 8: If Reduct is not independent, delete the redundant elements in Reduct;
Step 9: Output Reduct.
```

图9.6 寻找约简的启发式算法[7]

这个算法的计算复杂度是$O(|U|^2 * C)$。

在参考文献［8］中，Hu等人提出了一种计算明确等价关系或者模糊等价关系的分辨能力的信息测度，这是经典粗糙集模型以及模糊粗糙集模型中的关键概念。在信息测度的基础上，给出了标称属性、数值属性以及模糊属性的重要性的一般定义。作者重新定义了混合属性子集、约简和相对约简的独立性。基于所提出的信息测度，作者构建了无监督和有监督数据降维的两种贪婪降维算法。图9.7和图9.8显示了给出的算法。

```
Input: Information system IS <U,A,V,f >
Output: One reduct of IS
Step 1: ∀a∈A: compute the equivalence relation;
Step 2: ∅→red;
Step 3: For each a_i ∈A - red
Compute H_i =H(a_i,red)
End
Step 4: Choose attribute which satisfies:
H(a | red) =max_i(SIG(a_i,red))
Step 5: If H(a_j | red) >0, then red U a → red goto step 3
Else return red
End
```

图9.7 计算约简的算法[8]

在参考文献［9］中，作者提出了一种基于广义模糊粗糙模型的简单混合属性约简算法。作者提出一个基于模糊关系的模糊粗糙模型理论框架，为算法的构建奠定了基础。在所提出的模糊粗糙模型的基础上，作者推导出了几个属性重要度，并构造了一个混合属性约简的前向贪婪算法。图 9.9 给出了算法的伪代码：

```
Input: Information system IS <U,A=C∪d,V,f>
Output: One relative reduct D_red of IS
Step 1: ∀a∈A: compute the equivalence;
Step 2: ∅→D_red;
Step 3: For each a_i ∈A-red
Compute H_i =SIG(a_i,D_red,d)
End
Step 4: Choose attribute which satisfies:
SIG(a,red,d) =max_i(H_i)
Step 5: If SIG(a,red,d) >0, then D_red U a → D_red goto step 3
Else return D_red
End
```

图 9.8　计算相对约简的算法[8]

```
Input: Hybrid decision table ⟨U,A^c∪A^r∪d,V^c∪V^r,f⟩ and Threshold k   //A^c 为类别属性, A^r 为数值属性.
//k 是计算下近似的阈值.
Output: One reduct red.
Step 1: ∀a∈A: compute the equivalence relation R_a;
Step 2: ∅→red;   //red is the pool to contain the selected red 是
attributes
Step 3: For each a_i ∈A-red
Compute SIG(a_i,B,D) =γ^kl_red∪a(D) -γ^kl_red(D),   //这儿我们定义 γ^kl_∅ =0
end
Step 4: Select the attribute a_k which satisfies:
SIG(a_k,B,D) =max_i(SIG(a_i,red,B))
Step 5: If SIG(a_k,B,D) >0,
red∪a_k→red
go to step 3
  else
  return red
  Step6: end
```

图 9.9　基于可变精度模糊粗糙模型的前向属性约简算法（FAR-VPFRS）[9]

9.3　小　　结

在本章中，我们介绍了模糊粗糙集理论的一些基本概念，并对传统粗糙集与模糊粗糙集之间的区别进行了解释；提出了模糊粗糙近似法和正域法。然后，我们对不同领域的基于模糊粗糙集的各种算法以及每种算法的伪代码进行了讨论。

参考文献

1. Salama AS, Elabarby OG (2012) Fuzzy rough set and fuzzy ID3decision approaches to knowledge discovery in datasets. ISPACS
2. Qian Y et al (2015) Fuzzy-rough feature selection accelerator. Fuzzy Sets Syst 258:61–78
3. Derrac J et al (2012) Enhancing evolutionary instance selection algorithms by means of fuzzy rough set based feature selection. Inf Sci 186(1):73–92
4. Jensen R, Shen Q (2004) Semantics-preserving dimensionality reduction: rough and fuzzy-rough-based approaches. IEEE Trans Knowl Data Eng 16(12):1457–1471
5. Wang C et al (2017) A fitting model for feature selection with fuzzy rough sets. IEEE Trans Fuzzy Syst 25(4):741–753
6. Dai J, Qing X (2013) Attribute selection based on information gain ratio in fuzzy rough set theory with application to tumor classification. Appl Soft Comput 13(1):211–221
7. Chen D, Qinghua H, Yang Y (2011) Parameterized attribute reduction with Gaussian kernel based fuzzy rough sets. Inf Sci 181(23):5169–5179
8. Hu Q, Daren Yu, Xie Z (2006) Information-preserving hybrid data reduction based on fuzzy-rough techniques. Pattern Recogn Lett 27(5):414–423
9. Hu Q, Xie Z, Daren Yu (2007) Hybrid attribute reduction based on a novel fuzzy-rough model and information granulation. Pattern Recogn 40(12):3509–3521

第 10 章　基于粗糙集的典型 API 库介绍

在本章中，我们将提供一些粗糙集理论的基本函数实现源代码。当然，粗糙集理论函数的实现代码也可以在其他库中找到。本章还对源代码的每一行进行了解释。这样的解释不仅可以帮助研究人员更容易地使用代码，而且他们还可以根据自己的研究需求对代码进行修改。关于程序实现，我们使用 Microsoft Excel VBA 工具平台。选择 VBA 的原因在于它的实现简单，几乎任何数据集都可以轻松加载到 Excel 之中。我们不仅提供了一些基本粗糙集理论概念的实现代码，而且还对一些最常见算法也提供了完整的实现代码和解释，如粒子群算法、遗传算法、快速约简等。

10.1　简明教程

在详细介绍源代码之前，我们首先介绍一些最常用的 Excel VBA 基本语句。在本节中，我们将介绍一些非常基本的语法。如需了解更多详情，我们会推荐你去学习一些优质的教程。

10.1.1　变量说明

变量使用“Dim”语句进行声明。例如，如果要声明一个名字为“Count”、类型为 Integer（整数）的变量，我们就可以使用如下所示的使用“Dim”语句：

```
Dim Count as Integer
```

其中，“Dim”就是声明变量的关键词，“Count”是变量名称，“Integer”是“Count”的数据类型。

10.1.2　数组说明

与变量声明一样，数组也是用“Dim”作为关键字进行声明。例如，如果要声明一组名称为“List”的一维数组，可以使用“Dim”语句：

```
Dim List(2)As Integer
```

其中，“Matrix”就是数组的名称，“2”是数组的上界，也就是最后一个元素的索引。应当注意的是，在 Excel VBA 中，数组是零索引的，也就是第一个元素的索引为“0”，所以上面定义的数组共有三个元素。二维数组也是如此。在 Excel VBA 中，数组是动态的，也就是说我们可以在运行时改变维度；但是，你必须定义空数组（也就是没有指定数组规模的数组），如下所示：

```
Dim List()As Integer
ReDim List(3)
List(0) =2
```

应当注意，每一次你重新定义数组的时候，之前的数据就会丢失。

对于二维数组来说，语法相同，但应当指定两个索引，如下所示：

```
Dim Matrix(3,4)As Integer
Matrix(2,2) =3
```

上面两行定义了一个二维数组，并初始化了第三行和第三列中的元素（记住，数组是零索引的）。

10.1.3 注释

对于任何编程语言来说，注释都是重要组成部分。在 Excel 中，VBA 注释以“‘”符号开始。例如，下面的行将被注释：

```
‘This is a comment and comments are turned green by default.
```

10.1.4 假设语句

假设（If-Eles）语句是一个用于实现分支的条件语句。它的语法如下所示：

```
If Count =0 Then
‘Statements here
Eles
‘Statements here
End If
```

在关键词“If”之后的内容是需要被评估的表达，而“Then”则是使用的关键词。如果条件表达的解为“True”，则执行“Eles”关键词之前的语句；否则，执行“Eles”之后的语句。最后，“End If”标志着“If”条件的结束。

10.1.5 循环

最常用的循环是“for-loop”和“while-loop”。下面是“for-loop”的语法：

```
For Index =1 To 10
Count =Count  + 1
Next
```

其中，“For”是关键词，“Index”是值从“1”开始的计数器变量，循环将一直迭代，直至“Index”的值小于或者等于“10”。大于“10”则将使循环终止。“Next”表示循环体的结束。

For-loop 是用作计数器，而 while-loop 则会一直迭代，若循环条件保持为“True”。下面是“while-loop”的语法：

```
While(i <10)
i =i +1
Wend
```

其中，“While”是关键词，它之后的内容是我们需要进行评估的表达。关键词“Wend”之前的语句组称为主体，它会一直执行，若循环条件始终为“True”。

10.1.6 函数

函数是可以重新使用的代码，就像任何其他编程语言一样。在 Excel VBA 中，函数定义的语法如下所示：

```
Function Sum(ByVal x As Integer, ByVal y As Integer)As Integer
Dim Answer As Integer
Answer = x + y
Sum = Answer
End Function
```

“Function”是关键词，然后是函数名，参数列表在圆括号中指定。其中，“ByVal”意思是“By Value（根据值）”；如果要“By Reference（根据引用）”接收参数，我们可以使用关键词“ByRef”，同时还允许我们在函数发生任何变化时修改原始变量。

在括号之后，我们指定函数的返回类型。在上面的例子中，“Sum”函数会返回一个整数。然后是函数体。为了从函数中返回一个值，它被赋给了一个函数的名称，例如，这里“Sum = Answer”就示变量“Answer”的值将由函数“Sum”返回。

10.1.7 下限和上限函数

下限和上限函数会返回数组的下限和上限。例如，对于数组，有

```
Dim List(3)as Integer
```

下限（List）就会返回“0”，上限（List）就会返回“3”。

10.2 如何导入源代码

你现在得到了一个包含 MS Excel VBA 代码的“.bas”文件。为了使用和修改代码，“.bas”文件需要被导入到 Excel 文件之中。我们现在对如何将“.bas”文件导入 Excel 进行介绍。

如果要使用源代码，您需要使用 MS Excel 2013 或者更高版本。但是请注意，为了运行代码，文档应该启用宏。为了启用宏，请执行以下步骤。

（1）点击文件 > 选项（图 10.1）。

（2）在“Excel 选项”对话框中点击“信任中心”（图 10.2）。

（3）在同一个对话框中点击“信任中心设置”（图 10.3）。

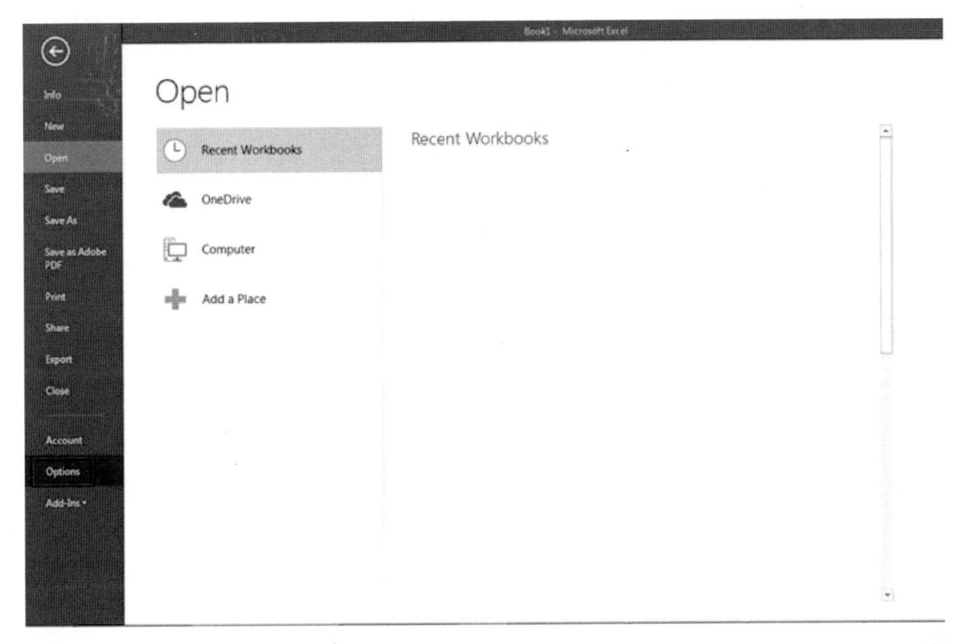

图 10.1　文件菜单

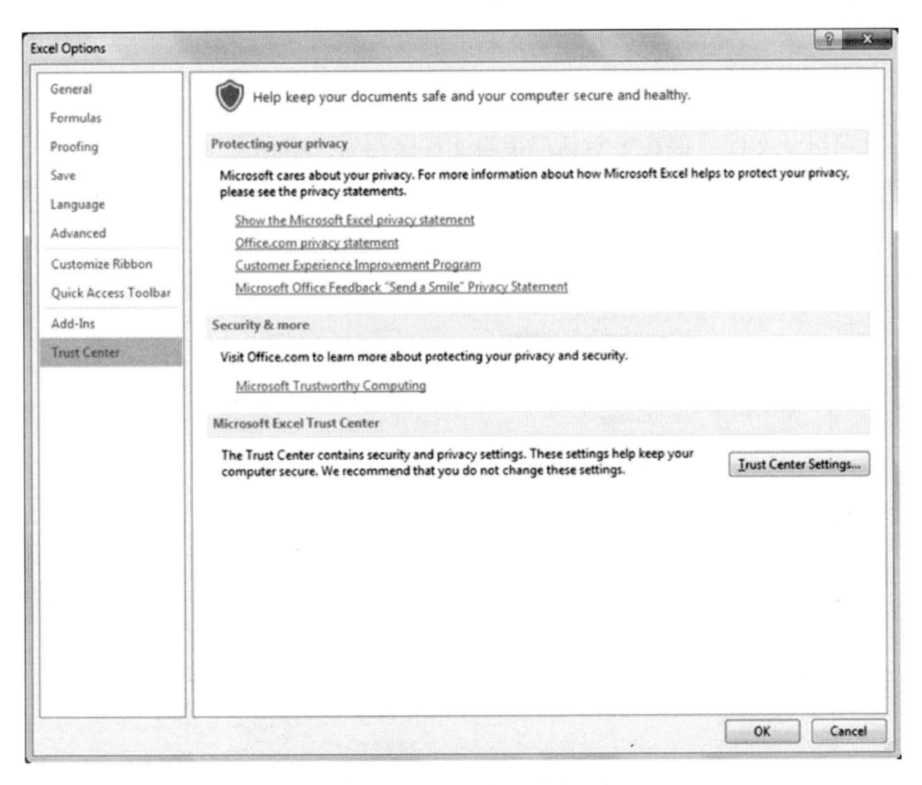

图 10.2　“Excel 选项”对话框

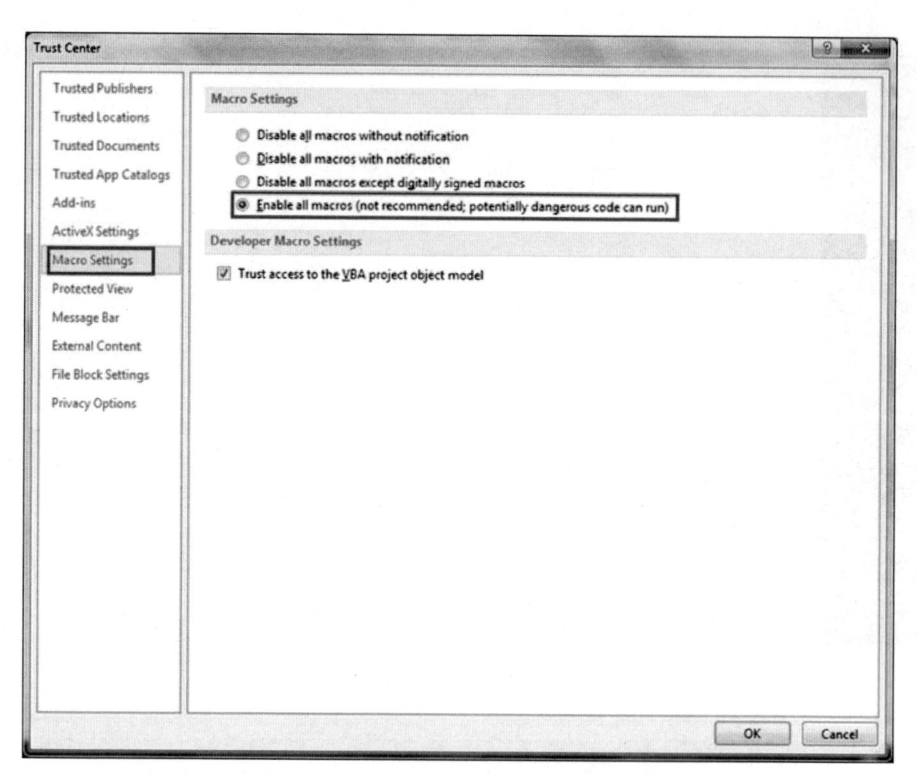

图 10.3 “信任中心设置”对话框

你可以从文件“保存”对话框中将文件保存为“启用宏”(图 10.4)。

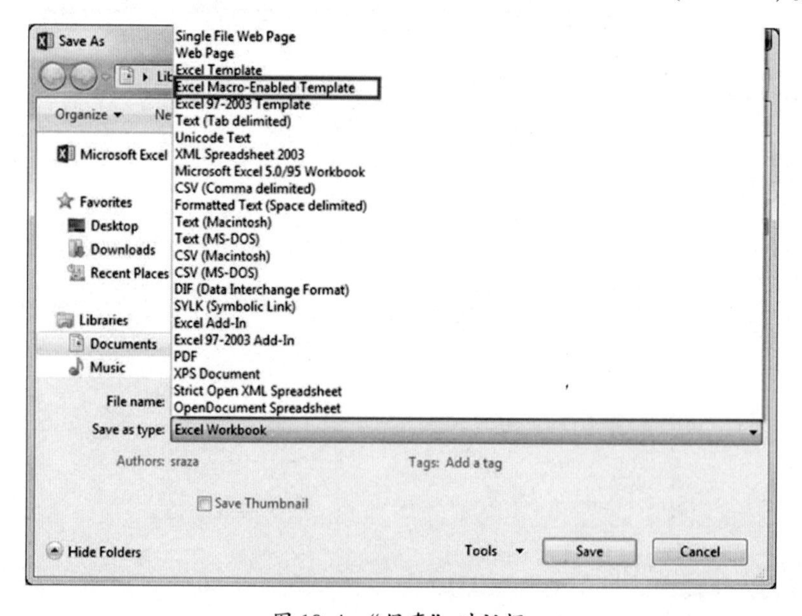

图 10.4 “保存”对话框

如果要改写/更新源代码，在功能区的开发者选项卡上点击“Visual Basic”按钮（图 10.5）。

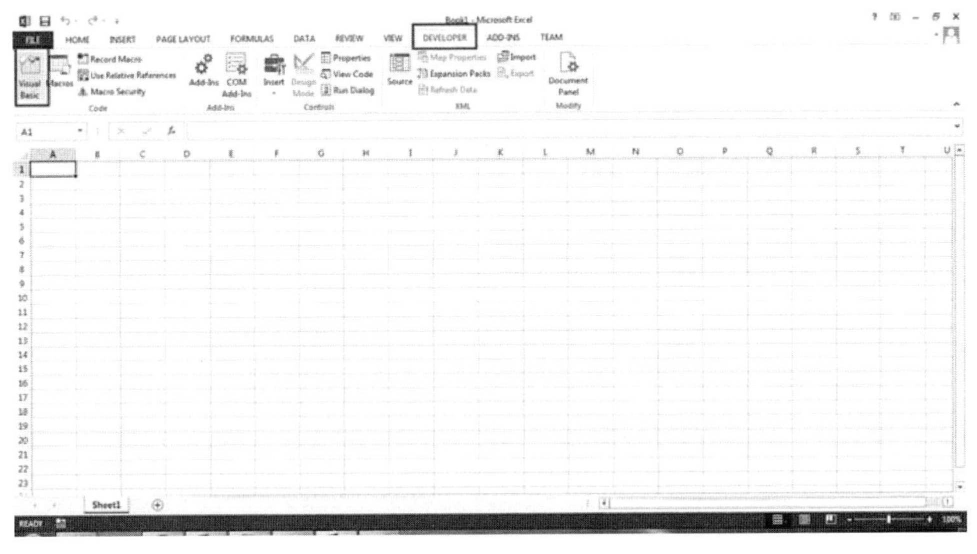

图 10.5 开发者选项卡上的“Visual Basic”按钮

注意：如果“开发者”选项卡不可见，则你可以在“自定义功能区”的“Excel 选项”对话框中进行选择（图 10.6）。

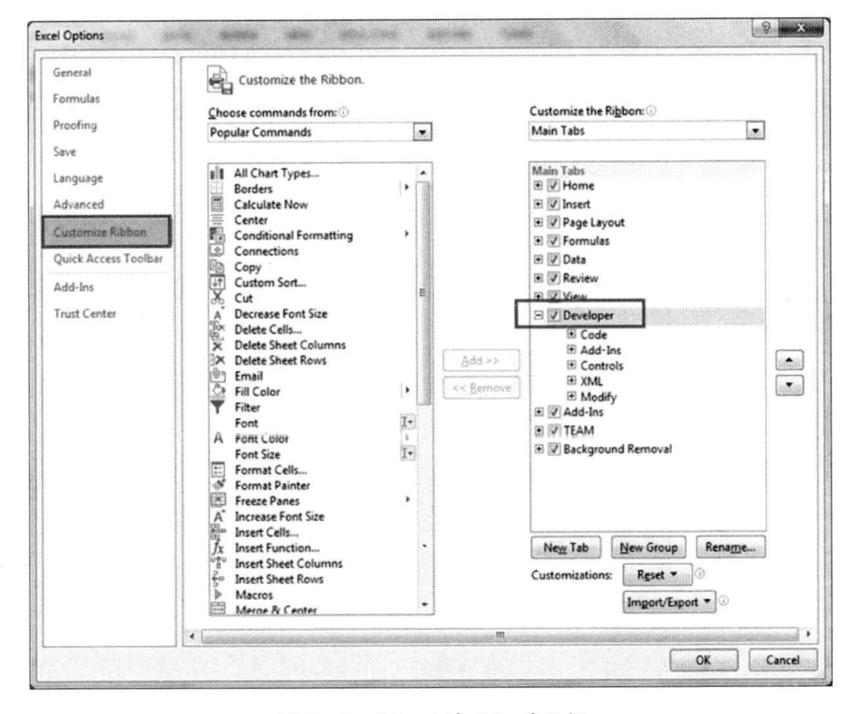

图 10.6 “Excel 选项”对话框

现在，我们将编写一个简单的 VBA 代码：在点击标题为“Welcome”的命令按钮时显示“Hello World”的消息文本。

打开 Excel 文件，在“开发者”选项卡上点击：>插入（Insert）>按钮（Button），如图 10.7 所示。

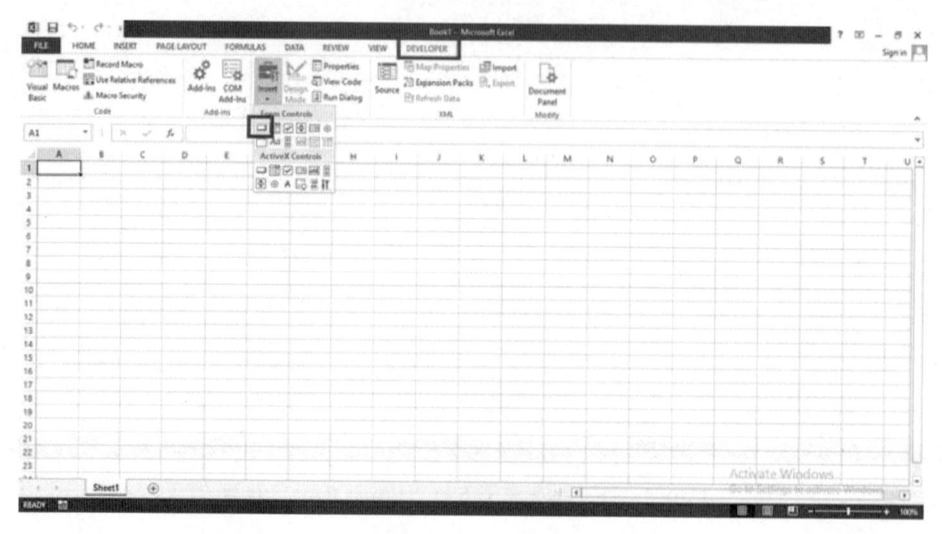

图 10.7　插入指令按钮

在工作表的任何地方绘制命令按钮。一旦按钮绘制完毕，“Assign Marco”窗口就会出现。暂时取消这个窗口。按钮的默认标题为“Button 1”。点击并将其标题更改为“Welcome”。

打开 Visual Basic 编辑器，鼠标右键点击“Project”以插入模块，然后点击“Insert”，再选择“Module”，如图 10.8 所示。

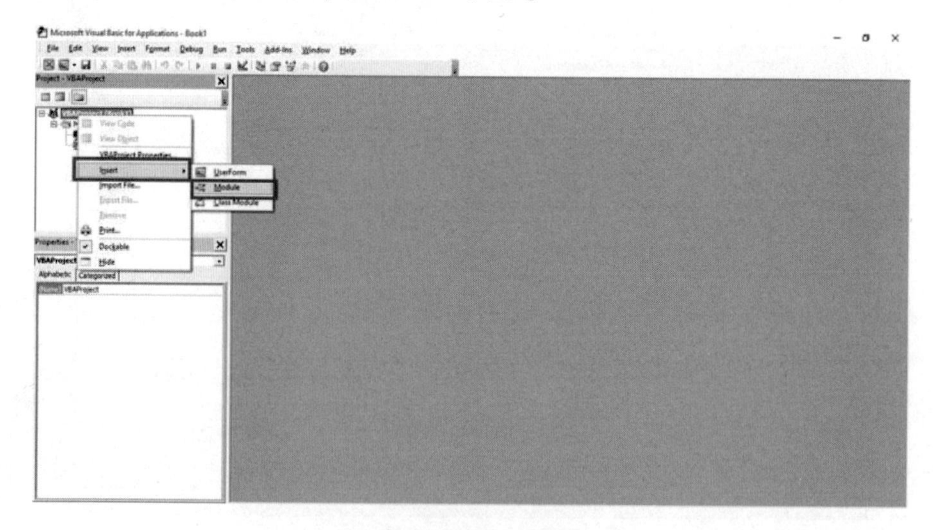

图 10.8　插入模块

一旦插入模块之后，写入如下所示的代码，如图 10.9 所示。

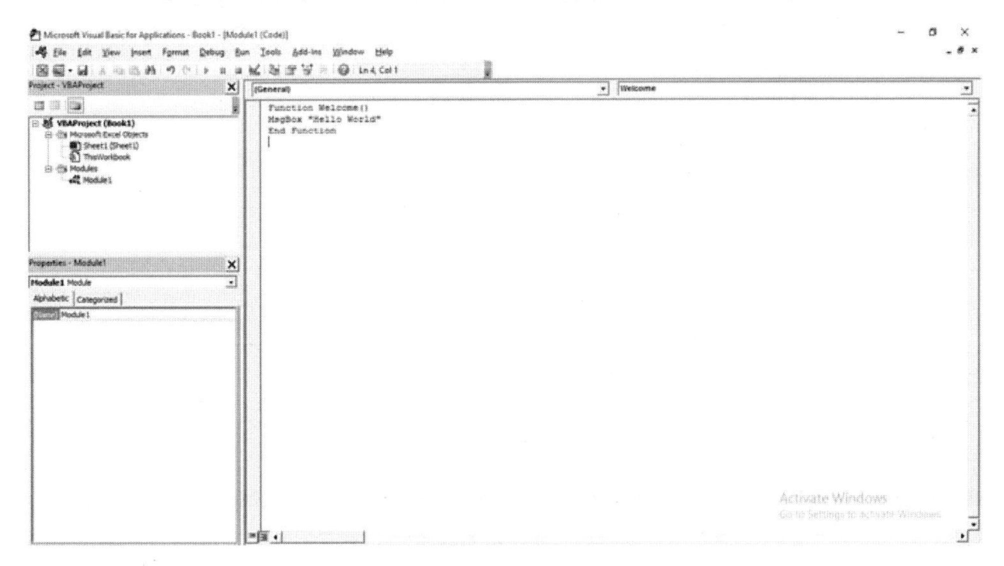

图 10.9　Welcome 功能

现在，在 Excel 表单中，在按钮上点击鼠标右键，从弹出菜单中选择“Assign Marco”，将“Welcome”功能赋予按钮，如图 10.10 和图 10.11 所示。

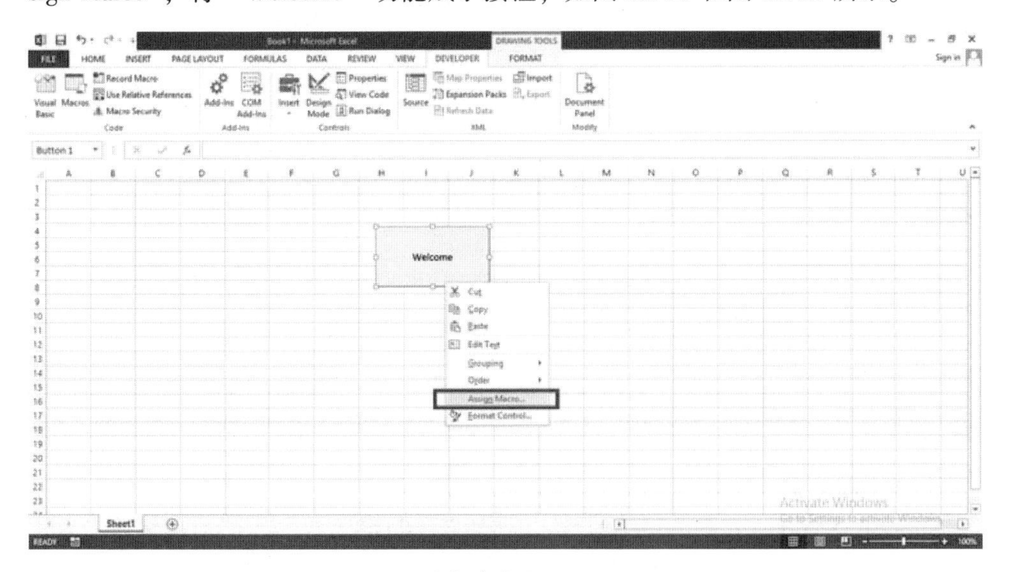

图 10.10　弹出菜单的“Assign Marco”

点击“OK”按钮，完成代码。现在，只需要点击“Welcome”按钮，消息文本框就会出现并显示“Hello World”，如图 10.12 所示。

下面对你如何在 Excel 表中存储数据集进行说明。我们将使用（图 10.13）“Musk”数据集对文件结构进行解释。

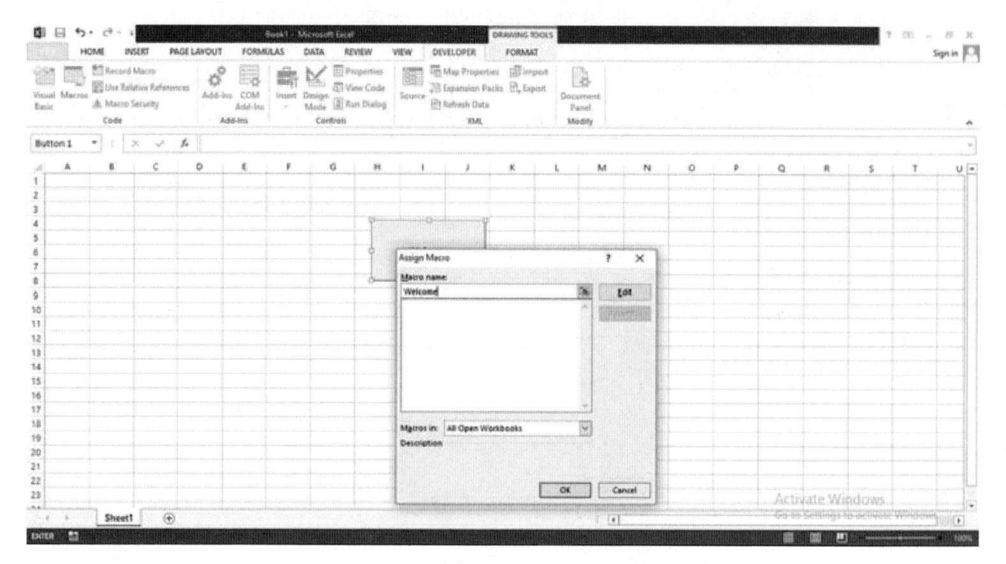

图 10.11 “Assign Marco” 窗口

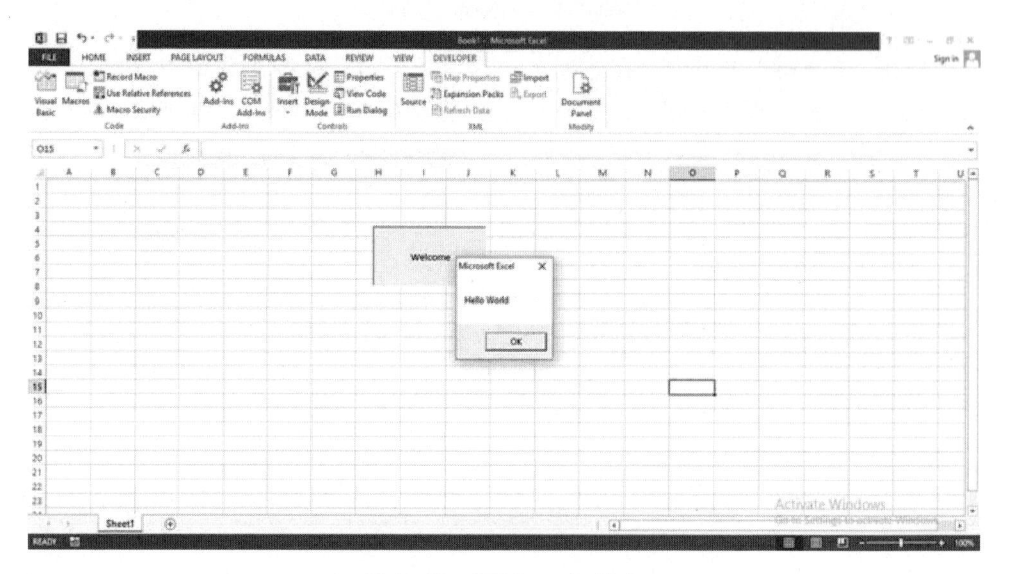

图 10.12 “Welcome” 消息

实际数据集从“C3”单元格开始。列“B”制定了每一行的对象名称（ObjectID）。注意：为了使代码简单，我们为每一行都规定了整数。最后一列也就是列“FM”，包含了决策类别（在“Musk”数据集的情况下）。你可以从开发者功能区的“Insert”选项卡中插入命令按钮（如图所示的“FindDep”）。在按钮插入之后。

现在，你所需要做的就是导入给定的源代码。为此，从开发者功能区中打开“Visual Basic”选项卡。鼠标右键点击项目名称，然后点击“Import”子菜单。

在打开对话框中输入“. bas”文件，然后点击“Open”。源代码就会被插入。现在，鼠标右键点击工作表中的命令按钮，然后点击“Assign Marco”。将“Main”作为宏的名字，然后点击“OK”。现在，你的源代码已经做好执行准备了。表 10.1 显示了文件名称及其实现的功能。

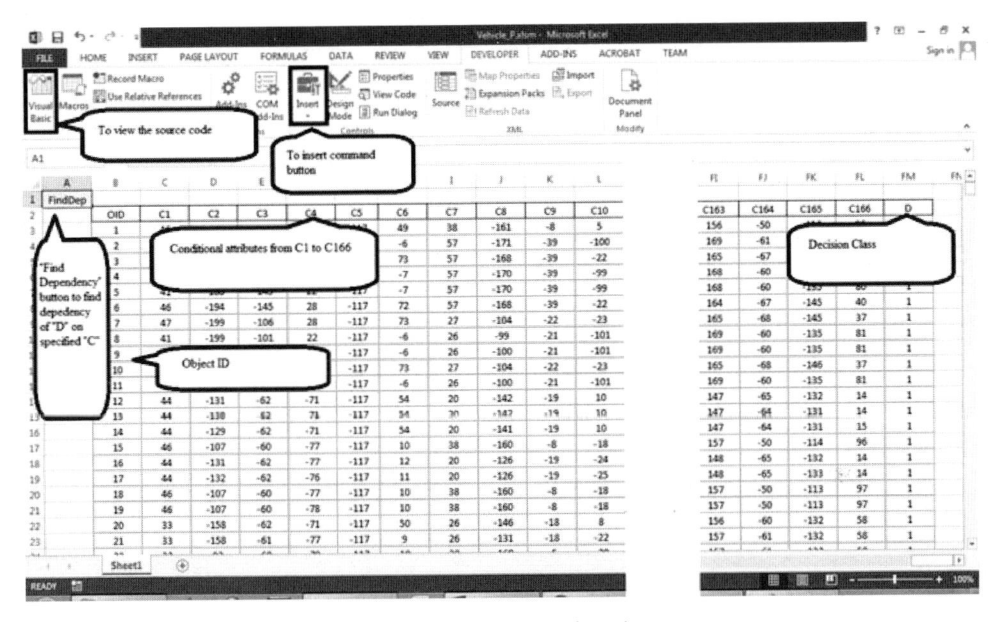

图 10.13　如何在 Excel 中保存数据

表 10.1　源代码文件以名称及其实现的功能

文件名称	执行的功能
Musk_I_Dep. bas	增量类计算相关性
Musk_P_Dep. bas	使用正域计算相关性
QuickReduct. bas	执行快速约简算法
SpecHeart_I_LA. bas	执行使用相关类的下近似计算
SpecHeart_I_UA. bas	执行使用相关类的上近似计算
SpecHeart_P_LA. bas	执行使用传统粗糙集理论技术的上近似计算
SpecHeart_P_UA. bas	执行使用传统粗糙集理论技术的下近似计算

10.3　使用正域计算相关性

点击标题为“FindDep”的工作表的左上角的按钮，以执行寻找相关性的代码。在这种情况下，决策属性“D”的相关性就可以在源代码中提到的条件属性上找到。

10.3.1 主函数

点击“FindDep”按钮以执行主函数。主函数的代码如下面的列表所列（表10.2）。

表10.2 主函数

Row1:	Function Main()
Row2:	Dim i, j As Integer
Row3:	Rub = 6598
Row4:	Cub = 168
Row5:	ReDim data(1 To rub, 1 To cub)
Row6:	For i = 1 To rub
Row7:	For j = 1 To cub
Row8:	Data(i,j)= Cells(2 + i, 1 + j). Value
Row9:	Next j
Row10:	Next i
Row11:	ObjectID = LBound(data, 2)
Row12:	DAtt = UBound(data, 2)
Row13:	Dim Chrom() As Integer
Row14:	ReDim Chrom(1 To 150)
Row15:	For i = 2 To 10
Row16:	Chrom(i - 1)= i
Row17:	Next
Row18:	ReDim TotalCClasses(1 To RUB, 1 To RUB + 1)
Row19:	dp = CalculateDRR(chrom)
Row20:	End Function

现在我们将逐行解释这段代码。第一行声明了主函数。然后我们声明了两个变量i和j，以作为循环的索引。RUB和类别单元B分别代表“行上限”和“列上限”。这两个变量表示数据集的最大行数和最大列数。注意：Musk中共有6598行，166个条件属性。此外，我们必须额外指定两个属性：一个为决策类别；另一个为ObjectID（对象名称）。这让我们可以轻松地将数据存储在本地数组之中，并且只需要通过指定数组的第一列即可引用ObjectID。第五行声明了一个名为“Data”的数组，这个数组与包含决策类别和ObjectID的数据集规模相等。由于与Excel表的交互在运行时的计算量太大，所以我们将整个数据集加载到本地数组之中。第五行的Redim语句指定了数组的规模。使用从第六行到第十行的数据集对数组进行初始化。

第十一行和第十二行分别对 ObjectID 和 DAtt（决策属性）进行初始化。使用“Data”数组的第一列的索引对 ObjectID 进行初始化，而 DAtt 则是使用最后一列的索引进行初始化。第十四行定义了一个名为“Chrom”的数组，它实际上包含了决定决策类别“D”的相关性属性的索引。第十五行到第十七行则是对“Chrom”数组进行初始化。注意：从逻辑上来说，“Chrom”是从表中的列“C”开始的，也就是第一个条件属性“C1”。到目前为止，这意味着，你已经分配了连续的属性来求相关性；是你也可以分配选择性属性，如果是这种情况，你就必须手动初始化数组，而不使用循环。

第十八行定义了一个名为“TotalCClasses”的数组，它主要存储了关于条件属性的等价类结构。注意：“TotalCClasses”是全局定义的，它这里是对空间进行动态分配的。最后，第十九行调用函数“CalculateDRR(Chrom)”来计算相关性。下面我们来解释“CalculateDRR”函数。

10.3.2 CalculateDRR 函数

CalculateDRR 函数实际上用于计算决策属性的相关性。表 10.3 展示了这个函数的源代码；首先，我们解释这个函数的工作原理，然后依次解释它所调用的各函数。

表 10.3 CalculateDRR 函数

Row1:	Function CalculateDRR(ByRef chrom() As Integer) As Double
Row2:	Call SetDClasses
Row3:	Call ClrTCC
Row4:	Dim R As Integer
Row5:	Dim nr As Integer
Row6:	For R = 1 To RUB
Row7:	If(AlreadyExists(TotalCClasses, TCCRCounter, R) <> True) Then
Row8:	InsertObject Data(R, ObjectID), TotalCClasses, TCCRCounter
Row9:	For nr = R + 1 To RUB
Row10:	If(MatchCClasses(R, nr, chrom, TCCRCounter) = True) Then
Row11:	InsertObject Data(nr, ObjectID), TotalCClasses, TCCRCounter
Row12:	End If
Row13:	Next
Row14:	TCCRCounter = TCCRCounter + 1
Row15:	End If
Row16:	Next
Row17:	Dim dp As Integer

续表

Row18:	Dim ccrx As Integer
Row19:	Dim ddrx As Integer
Row20:	dp =0
Row21:	For ccrx =1 To TCCRCounter
Row22:	For ddrx =1 To TDCRCounter
Row23:	dp = dp + FindDep(TotalCClasses, TotalDClasses, ccrx, ddrx)
Row24:	Next
Row25:	Next
Row26:	CalculateDRR = dp/RUB
Row27:	End Function

函数接受“Chrom”数组（或者包含条件属性索引的任何数组）的引用，并以双值的形式返回相关性。这个函数首先调用“SetDClasses”函数（该函数用于计算决策属性的等价类结构）。关于“SetDClasses”函数的描述，请参照10.3.3节。然后，调用函数“ClrTCC”，该函数会对用于计算等价类结构的数组进行初始化，而这个等价类结构则是基于条件属性确定的。关于“ClrTCC”函数的描述，请参见10.3.5节。

然后，使用名称“R”和“NR”来声明两个局部变量，将其用作当前行和下一行的索引。从第七行到第十六行，函数使用条件属性来构造等价类结构。第一个循环会考虑每个元素，并检查它是否已经存在于等价类结构之中。如果不存在（也就是这个对象与其他对象没有相同的属性值），它就会被插入到等价类结构之中。第二个循环是从当前对象的下一个对象（在第一个循环中选择）开始，并匹配所有剩余对象的条件属性值。所有匹配的对象都会被插入到等价类结构之中。关于AlreadyExsits、InsertObject和MatchCClasses函数的定义，请分别参见10.3.6节、10.3.7节和10.3.8节。

第二十一行~第二十五行计算了正域的基数，即相关性计算的第三步。第一个循环对“TotalCClasses”中的每个等价类进行了遍历，并将其连同存储在“TotalDClasses”中的每个等价类一起发送给函数“PosReg”。“PosReg”函数检查“TotalCClasses”中的等价类是否是“TotalDClasses”的子集。当两个循环都完成之后，我们就将对象的基数存储在变量“dp”中。关于“PosReg”函数的定义，请参见第10.3.9节。然后使用数据集中的元素总数除以基数，以计算并返回实际相关性。

10.3.3 SetDClasses 函数

该函数用于计算决策属性的等价类结构。注意：在基于传统的正域方法来计算相关性的时候，这是第一步。表10.4显示了该函数的源代码。

表 10.4　SetDClasses 函数

Row1:	Function SetDClasses() As Integer
Row2:	Dim C As Integer
Row3:	Dim Row As Integer
Row4:	Dim Ind As Integer
Row5:	Const MaxR As Long = 2
Row6:	Dim X As Integer
Row7:	TDCRCounter = 2
Row8:	X = 5581
Row9:	ReDim TotalDClasses(1 To TDCRCounter,1 To(X + 3))
Row10:	TotalDClasses(1,1)= 0
Row11:	TotalDClasses(1,2)= 5581
Row12:	TotalDClasses(1,3)= 3
Row13:	TotalDClasses(2,1)= 1
Row14:	TotalDClasses(2,2)= 1017
Row15:	TotalDClasses(2,3)= 3
Row16:	For Row = 1 To RUB'构造决策类别
Row17:	Ind = FindIndex(Row,TotalDClasses,maxr)
Row18:	TotalDClasses(Ind,TotalDClasses(Ind,3)+ 1)= Data(Row,ObjectID)
Row19:	TotalDClasses(Ind,3)= TotalDClasses(Ind,3)+ 1
Row20:	Next
Row21:	SetDClasses = 1
Row22:	End Function

第一行～第七行定义了所使用的局部变量。“TDCRCounter”表示决策类别的总数。在“Musk”数据集中，共有两个决策类别，所以我们给它赋值为“2”。“MaxR”表示“TotalDClasses”数组中的总行数。这个数组包含的行的数量等于决策类别的数量，即每一个决策类别都有一行。在我们的示例中，共有两个决策类别，因此共有两行。“TotalDClasses”数组的结构如图 10.14 所示。

决策类别	对象数量	最后对象索引	对象		
1	3	3	X_1	X_3	X_4
2	1	3	X_2		
3	1	3	X_5		

图 10.14　决策属性的等价类结构

第一列指定了决策类别，第二列指定了这个决策类别中的对象的总数量，第三列则储存了最后一个对象的索引。剩余的列储存了那个决策列表中的对象。在这个实例中，对象 X_1、X_2 和 X_4 属于决策类别“1”。

“TotalDClasses”数组中的行的数量等于决策类别的总数，列的数量等于任何决策类别中的最大对象数加上“3”。

接下来，运行循环以创建等价类结构。它首先找到存储（当前记录）决策类别的“TotalDClasses”数组的行号。然后，它将当前对象放在同一行中最后一个对象旁边的列中。最后，更新这个决策类别的对象总数以及最后一个对象的索引。

10.3.4 FindIndex 函数

这个函数在“TotalDClasses”数组中查找当前对象的决策类别的行号。这个函数的代码参见表 10.5。

表 10.5 FindIndex 函数

Row1:	Function FindIndex(R As Integer,ByRef TDC() As Integer,MaxR As Integer) As
Row2:	Integer
Row3:	Dim C As Integer
Row4:	For C = 1 To MaxR
Row5:	If Data(R,DAtt) = TDC(C,1) Then
Row6:	Exit For
Row7:	End If
Row8:	Next
Row9:	FindIndex = C
Row10:	End Function

这个函数共有三个参数，也就是当前对象的行数、“TotalDClasses”数组的引用以及它的最大行数。然后，它会浏览每一行的第一列（即储存决策类别的位置）。如果决策类别与当前对象（其 ID 由变量 R 进行表示）的决策类别匹配，则返回这个对象。注意：如果当前对象的决策类别与“TotalDClasses”中的任何一个均不匹配，则返回最后一行的索引，即这个对象存储的位置。

10.3.5 ClrTCC 函数

ClrTCC 函数源代码参见表 10.6。

表 10.6 ClrTCC 函数

Row1:	Function ClrTCC() As Integer
Row2:	Dim i As Integer
Row3:	TCCRCounter = 0
Row4:	For i = 1 To RUB
Row5:	TotalCClasses(i,1) = 0
Row6:	Next
Row7:	ClrTCC = 1
Row8:	End Function

第一行定义了函数。变量“i”将在循环中被用作索引变量。首先，让我们解释一下“TotalCClasses”如何存储等价类结构，如图 10.15 所示。每一行存储一个等价类，如对象 X_1 和 X_3 属于同一个等价类，而对象 X_2、X_4 和 X_5 则代表另一个等价类。第一列显示了一个等价类中的对象的总数，如在第一行中共有两个对象在等价类中，而在第二行中则有三个对象。

2	X_1	X_3		
3	X_2	X_4	X_5	

图 10.15　关于条件属性的等价类结构

根据表 10.2 可知，“TotalCClasses”中的总行数等于数据集中的总行数。这是对于最坏情况（非常罕见）而言，也就是每个对象都有其自己的决策类别。类似可得，列数等于行数加一，这同样是对于最坏情况（非常罕见）而言，也就是所有对象都属于同一个类别。额外的列会存储每个等价类中对象的数量。

现在函数“ClrTCC（）”会清除“TotalCClasses”数组的第一列。然后，如果返回值“1”，即表示函数已被成功执行。

10.3.6 AlreadyExists 函数

这个函数会检查某个对象是否已经在等价类中存在。下面是这个函数的代码（表 10.7）。

表 10.7　AlreadyExists 函数

Row1:	Function AlreadyExists(ByRef TCC() As Integer, TCCRC As Integer, R As
Row2	Integer) As Boolean
Row3:	Dim j As Integer
Row4:	Dim j As Integer
Row5:	Dim Exists As Boolean
Row6:	Exists = False
Row7:	If TCCRC =0 Then
Row8:	Exists = False
Row9:	End If
Row10:	For i =1 To TCCRC
Row11:	For j =2 To TCC(i, 1)+1
Row12:	If(TCC(i, j)= Data(R,ObjectID))Then
Row13:	Exists = True
Row14:	Exit For
Row15:	End If
Row16:	Next

续表

Row17:	If(Exists = True) Then
Row18:	Exit For
Row19:	End If
Row20:	Next
Row21:	AlreadyExists = Exists
Row22:	End Function

这个函数共有三个参数，即“TotalCClasses”数组的引用、这个数组中的总行数以及需要在等价类中进行检查的行数（存储在“R”之中）。这个函数首先检查“TotalCClasses”数组是否为空，如果为空，则函数会返回“False”。然后，这个函数会运行两个嵌套循环，以在每一行中按列检查对象。注意：第二个循环是从 j=2 开始的，因为在等价类数组中，第一列是存储决策类别中的对象的总数，而等价类中的实际对象是从第二列开始的。如果在任何位置找到了对象，则函数会返回“True”，否则返回“False”。

10.3.7 InsertObject 函数

这个函数实现在等价类结构中插入一个对象，即“TotalCClasses”。当对象在数组中不存在的时候，就会调用这个函数，因此它会将对象插入到下一行，并将这一行的第一列初始化为“1”。下面是这个函数的列表（表 10.8）。

表 10.8 InsertObject 函数

Row1:	Function InsertObject(O As Integer, ByRef TCC() As Integer, TCCRC As Integer)
Row2	TCC(TCCRC +1, 1) = TCC(TCCRC +1, 1)+1
Row3:	TCC(TCCRC +1, TCC(TCCRC +1, 1) +1) = 0
Row4:	End Function

这个函数共有三个参数，即将要被插入的对象的“ObjectID”“TotalCClasses”数组以及到目前为止有对象的数组中的行的总数。

10.3.8 MatchCClassest 函数

这个函数会根据两个对象的属性的值对它们进行比对，共有三个参数。下面是这个函数的列表（表 10.9）。

表 10.9 MatchCClasses 函数

Row1:	Function MatchCClasses(R As Integer, NR As Integer, ByRef chrom() As Integer,
Row2	TCCRC As Integer) As Boolean
Row3:	Dim j As Integer
Row4:	Dim Ci As Integer

续表

Row5:	Dim ChromSize As Integer
Row6:	Dim ChromMatched As Boolean
Row7:	ChromMatched = True
Row8:	For Ci = LBound(chrom) To UBound(chrom)
Row9:	If(Data(R, chrom(Ci)) < > Data(NR, chrom(Ci))) Then
Row10:	ChromMatched = False
Row11:	Exit For
Row12:	End If
Row13:	Next
Row14:	MatchCClasses = ChromMatched
Row15:	End Function

这个函数共有三个参数，即将要进行比较的两个对象的“ObjectID”，以及包含需要进行比较的对象的属性的“Chrom”数组的引用。这个函数会运行一个循环，将对象与存储在“Chrom”数组中的属性值进行比对。如果两个对象在“Chrom”中提到的属性的值相同，那么这个函数会回“True”，否则返回“False”。

10.3.9 PosReg 函数

这个函数会计算属于正域的对象的基数。函数列表如下所列（表 10.10）。

表 10.10 PosReg 函数

Row1:	Function PosReg(ByRef TCC( ) As Integer, ByRef TDC( ) As Integer, cr As
Row2:	Integer, dr As Integer) As Integer
Row3:	Dim X, cnt, dpc, y As Integer
Row4:	dpc =0
Row5:	cnt = TCC(cr, 1)
Row6:	If(TCC(cr, 1) < = TDC(dr, 2)) Then
Row7:	For X =2 To TCC(cr, 1) +1
Row8:	For y =4 To TDC(dr, 3)
Row9:	If(TCC(cr, X) = TDC(dr, y)) Then
Row10:	dpc = dpc + 1
Row11:	End If
Row12:	Next
Row13:	Next
Row14:	End If
Row15:	If cnt = dpc Then
Row16:	PosReg = dpc

续表

Row17:	Else
Row18:	PosReg = 0
Row19:	End If
Row20:	End Function

这个函数有四个参数，即“TotalCClasses”数组和“TotalDClasses”数组的引用、“TotalCClasses”中的当前行以及“TotalDClasses”中的当前行。然后，这个函数会计算存储在“TotalCClasses”（行号为“cr”）中的等价类中的对象的基数，这些对象正是“TotalDClasses”（行号为“dr”）中的等价类的子集。注意：第七行的第一个循环是从 $X = 2$ 开始的，因为在“TotalCClasses”中，每个等价类中的对象都是索引 2 开始的。类似可得，在“TotalDClasses”中，对象的索引是从索引 4 开始的。

10.4 采用增量相关类计算相关性

现在，我们将解释如何采用增量相关类计算相关性。数据储存在 Excel 文件中的形式与我们使用基于正域的相关性测度时的情况一样。

10.4.1 主函数

点击“FindDep”按钮将调用主函数。在本地数组“Data”中加载数据，其他变量与之前讨论的情况相同。主函数的代码如下面的列表所列（表 10.11）。

表 10.11 主函数

Row1:	Function Main( )
Row2:	Dim i, j As Integer
Row3:	Rub = 6598
Row4:	Cub = 168
Row5:	ReDim data(1 To rub, 1 To cub)
Row6:	For i = 1 To rub
Row7:	For j = 1 To cub
Row8:	Data(i, j) = Cells(2 + i, 1 + j). Value
Row9:	Next j
Row10:	Next i
Row11:	ObjectID = LBound(data, 2)
Row12:	DAtt = UBound(data, 2)
Row13:	Dim Chrom( ) As Integer

续表

Row14:	ReDim Chrom(1 To 150)
Row15:	For i =2 To 10
Row16:	Chrom(i - 1) = i
Row17:	Next
Row18:	dp = CalculateDID (chrom)
Row19:	End Function

这个函数的所有内容与之前讨论情况相同，但是在第十八行中，函数“CalculateDID”是使用增量相关类计算相关性。

10.4.2 CalculateDID 函数

CalculateDID 函数使用相关类计算相关性。表 10.12 显示了这个函数的源代码。

表 10.12 CalculateDID 函数

Row1:	Function calculateDID(ByRef chrom() As Integer) As Double
Row2:	Dim DF As Integer
Row3:	Dim UC As Integer
Row4:	Dim ChromSize As Integer
Row5:	Dim FoundInGrid As Boolean
Row6:	Dim i As Integer
Row7:	Dim GRC As Integer
Row8:	Dim ChromMatched As Boolean
Row9:	Dim DClassMatched As Boolean
Row10:	Dim ChromMatchedAt As Integer
Row11:	Dim DClassMatchedAt As Integer
Row12:	GridRCounter = 0
Row13:	FoundInGrid = False
Row14:	ChromMatched = False
Row15:	DClassMatched = False
Row16:	ChromSize = UBound(chrom) - LBound(chrom) + 1
Row17:	DECISIONCLASS = UBound(chrom) + 1
Row18:	INSTANCECOUNT = DECISIONCLASS + 1
Row19:	AStatus = INSTANCECOUNT + 1
Row20:	ReDim Grid(1 To ChromSize + 3, 1 To RUB)
Row21:	If(GridRCounter = 0) Then
Row22:	GridRCounter = Insert(GridRCounter, chrom, 1)
Row23:	DF = 1

续表

Row24:	UC = 1
Row25:	End If
Row26:	For i = 2 To RUB
Row27:	ChromMatchedAt = MatchChrom(i, chrom, ChromMatched, GridRCounter)
Row28:	If(ChromMatched = True) Then
Row29:	If(Grid(AStatus, ChromMatchedAt) < >1) Then
Row30:	DClassMatched = MatchDClass(i, ChromMatchedAt)
Row31:	If(DClassMatched = True) Then
Row32:	DF = DF + 1
Row33:	Grid(INSTANCECOUNT, ChromMatchedAt) = Grid(INSTANCECOUNT, ChromMatchedAt) + 1
Row34:	Else
Row35:	DF = DF - Grid(INSTANCECOUNT, ChromMatchedAt)
Row36:	Grid(AStatus, ChromMatchedAt) = 1
Row37:	End If
Row38:	End If
Row39:	Else
Row40:	GridRCounter = Insert(GridRCounter, chrom, i)
Row41:	DF = DF + 1
Row42:	End If
Row43:	UC = UC + 1
Row44:	Next
Row45:	calculateDID = DF/UC
	End Function

这个函数引用整型数组“Chrom”作为输入。如前所述，“Chrom”包含了用于确定“D”的相关性的条件属性的索引。“CalculateDID”使用“Grid”作为中间数据结构来计算相关性。“Grid”只是一个二维数组，行数等于数据集中元素的数量，列数等于用于确定相关性的条件属性的总数加“3”；也就是说，如果相关性是由属性 A_1、A_3 和 A_3 决定的，则列数应该等于“6”。最后一列指定这些属性集的状态，即这些属性的值是否已经被考虑。倒数第二列指定当前值集在数据集中出现的总次数（因此，如果这些属性的相同值在后面导致出现不同的决策类别，我们可以从当前相关性值中减去这个数字）。倒数第三列指定决策类别，第 n–3 列则指定了在当前属性集下的值。这个矩阵由数据集中的所有实例组成。因此，数据集可参见表 10.13。

网格的内容（图 10.16）如下所示（对于前三个对象而言）。

在第二十二行中，我们在网格中插入第一条记录。关于如何插入记录，请参见“Insert”函数的定义（10.3.7 节）。“DF”和“UC”储存“相关性因子”和

"全集数"。相关性因子存储的是与基于传统技术的正域对应的对象总数。到目前为止，我们只插入了第一个记录，因此"DF"和"UC"都等于"1"。下一个函数将从 $i=2$ 开始循环（因为我们已经插入了第一条记录）。

表 10.13　样本决策系统

U	状　态	资　质	工　作
x_1	S_1	博士	是
x_2	S_1	文凭	否
x_3	S_2	硕士	否
x_4	S_2	硕士	是
x_5	S_3	学士	否
x_6	S_3	学士	是
x_7	S_3	学士	否

S_1	博士	是	1	1
S_1	文凭	否	1	1
S_2	硕士	否	1	1

图 10.16　计算增量相关类的网格

在第二十七行中，根据判断任何对象的属性值与已经存在于"Grid"中的对象"i"的属性值是否相同，"MatchChrom"函数会进行匹配。如果具有相同值的对象已经存在于"Grid"之中，我们将检查我们是否已经考虑过它（也就是我们是否已经根据这个对象对"DF"进行了更新）；如果这个对象之前未被考虑，则我们将对象的决策类别与已经存储在"Grid"中的一个决策类别进行匹配。基于这个目的，使用了"MatchDClass"函数。如果决策类别也匹配，我们会增加"DF"因子，也就是这意味着这个对象属于正域。在第三十二行，我们增加"实例计数"列（倒数第二列）。但是，如果决策类别不匹配，则我们将减少 DF，减少量等于所有具有相同属性值的对象之前出现的总次数。我们还将最后一列（AStatus）设置为"1"，表示这个对象已经被考虑。但是，如果这个对象已经被考虑了，那么，我们只需要增加"UC"因子即可。如果"Grid"中没有相同属性值的对象存在，我们将使用"Insert"函数插入这个对象，并更新"DF"。

最后，在第四十五行，我们计算并返回实际的相关性值。

10.4.3 Insert 函数

这个函数会在“Grid”中插入一个对象。表 10.14 显示这个函数的源代码。

表 10.14 Insert 函数

Row1:	Function Insert(GRC As Integer, chrom( ) As Integer, drc As Integer) As Integer
Row2:	Dim Ci As Integer
Row3:	For Ci = 1 To UBound (chrom)
Row4:	Grid(Ci, GRC + 1) = Data(drc, chrom(Ci))
Row5:	Next
Row6:	Grid(Ci, GRC + 1) = Data(drc, DAtt)
Row7:	Grid(Ci + 1, GRC + 1) = 1 ' instance count
Row8:	Grid(Ci + 2, GRC + 1) = 0 ' status
Row9:	Insert = GRC + 1
Row10:	End Function

函数共有三个参数，网格记录计数（GRC）是已经插入“Grid”中的记录的总数（注意：在“Grid”中第一次插入一条记录的时候，“Insert”函数会被调用，所以我们需要将其插入到“Grid”最后插入行之后的下一行）。然后，它循环访问存储在“Chrom”数组中所有的属性索引，并将它们存储在网格的前 $n-3$ 列之中。在倒数第三列中，储存决策类别；在倒数第二列中，将实例计数设置为“1”，因为具有这样属性值的记录是第一次出现在“Grid”之中；最后状态设置为“0”，则意味着之前没有考虑这个对象。

10.4.4 MatchChrom 函数

MatchChrom 函数会将当前对象的属性值与“Grid”之中的所有值进行对比。以下是这个函数的源代码（表 10.15）。

表 10.15 MatchChrom 函数

Row1:	Function MatchChrom(i As Integer, ByRef chrom( ) As Integer, ByRef
	ChromMatched As Boolean, GRC As Integer) As Integer
Row2:	Dim j As Integer
Row3:	Dim Ci As Integer
Row4:	For j = 1 To GRC
Row5:	ChromMatched = True
Row6:	For Ci = 1 To UBound(chrom)
Row7:	If(Data(i, chrom(Ci))< > Grid(Ci, j)) Then
Row8:	ChromMatched = False
Row9:	Exit For

Row10:	End If
Row11:	Next
Row12:	If(ChromMatched = True) Then
Row13:	Exit For
Row14:	End If
Row15:	Next
Row16:	MatchChrom = j
Row17:	End Function

这个函数共有三个参数，即网格记录计数（GRC）、“Chrom”数组引用以及数据记录计数（降维 c）；其中，降维 c 存储了其属性值需要进行比较的对象的索引。这个函数遍历各个行，从“Grid”中的第一行开始，它比较属性值与当前对象的属性值，首先比较存储在第一行中的属性值，然后比较存储在第二行中的属性值，以此类推。如果在任何行号上属性值是匹配的，这个函数就会返回这个行号。

10.4.5 MatchDClass 函数

在“CalculateDID”函数中，如果比较属性值并且对所涉属性值所在的行号进行比较并返回，则调用“MatchDClass”。现在，就“Grid”中的那一行而言，“MatchDClass”函数会将存储的决策类别与当前对象的决策类别进行比较。下面是这个函数的源代码（表 10.16）。

表 10.16 MatchDClass 函数

Row1:	Function MatchDClass(i As Integer, ChromMatchedAt As Integer) As Boolean
	Dim DCMatched As Boolean
Row2:	DCMatched = False
Row3:	If(Data(i, DAtt) = Grid(DECISIONCLASS, ChromMatchedAt)) Then
Row4:	DCMatched = True
Row5:	End If
Row6:	MatchDClass = DCMatched
Row7:	End Function

这个函数共有两个参数，即对象在数据集中的行号以及与“Chrom”相匹配的网格的行号。如果决策类别与数据集中的对象相匹配，则函数返回“TRUE”，否则返回“FALSE”。

表 10.17 给出了重要变量及其描述。

表 10.17 变量及其描述

变　　量	数据类型	目　　的
Data( )	整数	储存数据的整数数组。数组第一列储存“ObjectID”，最后一列储存决策类
ObjectID	整数	“Data”数组中第一列的索引。用于代表特定对象
DAtt	整数	储存包含决策类的数组的索引
RUB	整数	储存数据集中总行数的计数
类别单元 B	整数	储存数据集中的总列数
TotalDClasses( )	整数	储存关于决策类别的等价类结构
TotalCClasses( )	整数	储存关于条件属性的等价类结构
TDCRCounter	整数	“TotalCClasses”数组中等价类的总数
TCCRCounter	整数	“TotalDClasses”数组中等价类的总数

10.5 采用传统技术计算下近似

以下函数可以用于计算下近似，这些函数使用了传统的不可分辨性技术。

10.5.1 主函数

表 10.18 显示了主函数的源代码。

表 10.18 主函数

Row1:	Function Main( ) As Integer
Row2:	GridRCounter = 0
Row3:	Dim i, j As Integer
Row4:	RUB = 80
Row5:	CUB = 46
Row6:	ReDim data(1 To RUB, 1 To CUB)
Row7:	For i = 1 To RUB
Row8:	For j = 1 To CUB
Row9:	data(i, j) = Cells(2 + i, 1 + j). Value
Row10:	Next j
Row11:	Next i
Row12:	OID = LBound(data, 2)
Row13:	DAtt = UBound(data, 2)
Row14:	Dim chrom( ) As Integer
Row15:	ReDim chrom(1 To CUB - 2)
Row16:	For i = 2 To CUB - 1

Row17:	chrom(i-1)=i
Row18:	Next
Row19:	CalculateLAObjects chrom, 1
Row20:	Dim str As String
Row21:	For i=1 To UBound(LAObjects)
Row22:	If LAObjects(i)<>0 Then
Row23:	str = str & ", X" & LAObjects(i) & ""
Row24:	
Row25:	End If
Row26:	Next
Row27:	Cells(2, 1). Value = str
Row28:	Main = 1
Row29:	End Function
Row30:	

这个函数按照我们前面解释过的相同方式加载数据。在第十九行中，它调用“CalculateLAObjects”函数来计算属于下近似的对象。这个函数会使用所有这些对象填充“LAObjects”数组。这个数组包含了属于下近似的对象的索引（记录数）。第二十一行到第二十六行对每个对象进行循环访问，并将它们存储在一个字符串中，然后这个字符串会在单元格“A2”中显示。这只是为了进行显示；但是，对于属于下近似“LAObjects”的对象的任何后续处理都可以使用。

10.5.2 CalculateLAObjects 函数

这个函数使用条件属性来计算等价类结构。下面是这个函数的源代码（表10.19）。

表 10.19 CalculateLAObjects 函数

Row1:	Function CalculateLAObjects(ByRef chrom() As Integer, ByRef xc as Integer)
Row2:	Dim i As Integer
Row3:	Dim j As Integer
Row4:	Dim found As Integer
Row5:	SetDConcept xc
Row6:	Dim TotalCClasses() As Integer
Row7:	Dim TCCRCounter As Integer
Row8:	TCCRCounter = 0
Row9:	ReDim TotalCClasses(1 To RUB, 1 To RUB + 1)
Row10:	Dim R As Integer
Row11:	Dim nr As Integer

续表

Row12:	For R = 1 To RUB
Row13:	If(AlreadyExists(TotalCClasses, TCCRCounter, R, data)<> True) Then
Row14:	InsertObject data (R, OID), TotalCClasses, TCCRCounter
Row15:	For nr = R + 1 To RUB
Row16:	If(MatchCClasses(R, nr, chrom, TCCRCounter) = True) Then
Row17:	InsertObject data(nr, OID), TotalCClasses, TCCRCounter
Row18:	End If
Row19:	Next
Row20:	TCCRCounter = TCCRCounter + 1
Row21:	End If
Row22:	Next
Row23:	Dim ccrx As Integer
Row24:	ReDim LAObjects(1 To RUB + 1)
Row25:	LAObjects(1) = 0
Row26:	For ccrx = 1 To TCCRCounter
Row27:	FindLAO TotalCClasses, ccrx
Row28:	Next
Row29:	ccrx = 0
Row30:	End Function

这个函数共有两个参数：一个是“Chrom”数组，它包含正在考虑的属性的索引；另一个则是“XConcept”。“XConcept”指定了我们需要确定下近似的概念(简单来说，就是决策类别的值)。首先，这个函数会调用“SetDConcept”函数，并将“XConcept”的值传递给它（关于“SetDConcept”函数的定义，请参见10.5.4节)。然后，它使用前面讨论过的技术创建一个“TotalCClasses”数组。从第十二行到第二十二行，它使用“Chrom”数组中提到的条件属性来构造等价类结构。变量“TCCRcounter”会将等价类类别的总数储存在“TotalCClasses”数组之中。然后，调用“FinLAO”函数，这个函数实际执行的是寻找下近似的第三步，也就是等价类结构中的所有对象（关于条件属性)，而这些对象又是“XConcept”的等价类结构的子集（关于决策属性)。例如，如果“TotalCClasses”中的三个等价类存储在三行之中，那么，每个等价类都将调用“FinLAO”函数。下面是对“FinLAO”函数的描述。

10.5.3 FinLAO 函数

“FinLAO”函数实际上是寻找属于下近似的对象。这个函数如下表所示(表10.20)。

表 10.20　FindLAO 函数

Row1:	Function FindLAO(ByRef TCC() As Integer, cr As Integer)
Row2:	Dim X, cnt, lac, y As Integer
Row3:	lac = 0
Row4:	cnt = TCC(cr, 1)
Row5:	If(TCC(cr, 1)<= XDConcept(1)) Then
Row6:	For X = 2 To TCC(cr, 1) + 1
Row7:	For y = 2 To XDConcept(1) + 1
Row8:	If(TCC(cr, X) = XDConcept(y)) Then
Row9:	lac = lac + 1
Row10:	End If
Row11:	Next
Row12:	Next
Row13:	End If
Row14:	If cnt = lac Then
Row15:	For X = 2 To TCC(cr, 1)+1
Row16:	LAObjects(1) = LAObjects(1) + 1
Row17:	LAObjects(LAObjects(1)+1) = TCC(cr, X)
Row18:	Next
Row19:	End If
Row20:	End Function

这个函数共有两个参数，即“TotalCClasses”数组的引用以及行号，后者是指需要确定是否为“XConcept”的子集的等价类结构的行索引。在第四行中，它首先确定了当前等价类结构中的对象总数，如果当前等价类结构中的对象总数少于关于决策属性的等价类结构中的对象总数，然后这个函数会运行两个嵌套循环，第一循环选择对象并对和“XConcept”的等效结构进行遍历，如果在任何位置找到了对象，则我们增加下近似计数（lac）变量。最后，我们检查这个计数是否小于属于“XConcept”的对象的总数。如果当前等价类结构中的对象总数小于属于“XConcept”的对象总数，则表示这个等价类中的对象集是“XConcept”的子集，因此属于下近似。然后，我们将所有这些对象复制到“LAObjects”数组之中。

10.5.4　SetDConcept 函数

这个函数使用“XConcept”构建等价类结构。这个函数如下表所示（表 10.21）。

表 10.21　SetDConcept 函数

Row1:	Function SetDConcept(ByRef xc as Integer) As Integer
Row2:	Dim XConcept As Integer
Row3:	Dim i As Integer
Row4:	XConcept = xc
Row5:	ReDim XDConcept(1 To RUB + 1)
Row6:	Dim CDCI As Integer
Row7:	CDCI = 2
Row8:	XDConcept(1) = 0
Row9:	For i = 1 To RUB
Row10:	If(data(i, DAtt)= XConcept) Then
Row11:	XDConcept(1)= XDConcept(1)+1
Row12:	XDConcept(CDCI)= data(i, OID)
Row13:	CDCI = CDCI + 1
Row14:	End If
Row15:	Next
Row16:	SetDConcept = 1
Row17:	End Function

这个函数只有一个参数，即我们需要为其构造等价类结构的“XConcept”的值。然后，该函数声明了一个“XDConcept”数组，这个数组会存储属于“XDConcept”的对象。注意：这是一个一维数组，其规模等于数据集中的记录总数加 1（如果数据集中的所有对象都属于同一个类别）。额外的列（第一列）存储“XDConcept”中的对象总数。这个函数会遍历所有记录，并存储决策类别值与“XDConcept”匹配的对象（在“XDConcept”数组中）的索引。这个函数还会更新“SDConcept”数组的第一个索引，以表示其中对象的总数。

10.6　采用重新定义的初值计算下近似

使用 CalculateLAI 函数计算下近似。这个函数使用重新定义的初值计算下近似。下面是这个函数源代码（表 10.22）。

表 10.22　CalculateLAI 函数

Row1:	Function CalculateLAI(ByRef chrom() As Integer, ByVal xc As Integer) As Single
Row2:	Dim DF, UC As Integer
Row3:	Dim i As Integer
Row4:	Dim GRC As Integer
Row5:	Dim ChromMatched As Boolean

Row6:	Dim DClassMatched As Boolean
Row7:	Dim ChromMatchedAt As Integer
Row8:	Dim DClassMatchedAt As Integer
Row9:	Dim NObject As Integer
Row10:	ReDim Grid(1 To cub +3, 1 To rub)
Row11:	GridRCounter = 0
Row12:	ChromMatched = False
Row13:	DClassMatched = False
Row14:	ChromSize = UBound(chrom)-LBound(chrom) + 1
Row15:	DECISIONCLASS = UBound(chrom)+ 1
Row16:	INSTANCECOUNT = DECISIONCLASS + 1
Row17:	AStatus = INSTANCECOUNT + 1
Row18:	XConcept = xc
Row19:	TDO = 0
Row20:	For i = 1 To rub
Row21:	If (data(i, DAtt) = XConcept) Then
Row22:	TDO = TDO + 1
Row23:	End If
Row24:	Next
Row25:	ReDim Grid(1 To ChromSize + 3 + TDO, 1 To rub)' column, row
Row26:	If (GridRCounter = 0) Then
Row27:	GridRCounter = Insert(GridRCounter, chrom, 1)' 1 represents first record
Row28:	End If
Row29:	For i = 2 To rub
Row30:	ChromMatchedAt = MatchChrom(i, chrom, ChromMatched, GridRCounter)
Row31:	If (ChromMatched = True) Then
Row32:	Grid(INSTANCECOUNT, ChromMatchedAt) = Grid(INSTANCECOUNT,
Row33:	ChromMatchedAt) + 1
	If (Grid(AStatus, ChromMatchedAt) = 0) Then
Row34:	Grid((ChromSize + 2 + Grid(INSTANCECOUNT,
Row35:	ChromMatchedAt) + 1), ChromMatchedAt) = i
Row36:	End If
Row37:	If(MatchDClass(i, ChromMatchedAt) = False) Then
Row38:	Grid(AStatus, ChromMatchedAt) = 1
Row39:	End If
Row40:	Else
Row41:	GridRCounter = Insert(GridRCounter, chrom, i)
Row42:	End If
Row43:	Next

续表

Row44:	Dim j As Integer
Row45:	ReDim t(1 To rub + 1)
Row46:	t(1) = 0
Row47:	For i = 1 To GridRCounter
Row48:	If ((Grid(AStatus, i) = 0) And ((Grid(DECISIONCLASS, i) = 1))) Then
Row49:	For j = 1 To Grid(INSTANCECOUNT, i)
Row50:	t(1) = t(1) + 1
Row51:	t(t(1) + 1) = Grid((ChromSize + 3 + j), i)
Row52:	Next
Row53:	End If
Row54:	Next
Row55:	CalculateUAI = 0
Row56:	End Function

这个函数输入两个参数，即“Chrom”数组和“XConcept”值（在“xc”变量中）。在第十行中，函数声明了一个“Grid”数组，并将初始网格计数（GridRCounter）设置为零。“ChromSize”表示“Chrom”数组中的属性总数。“DECISIONCLASS”“INSTANCECOUNT”和“AStatus”的存储内容分别是：存储了决策类的列的索引、存储了当前决策类中对象总数的列的索引以及最后对象的状态（不论其是否被考虑）。注意：这一次函数进行了一些优化，它首先确定了属于“XConcept”的对象的总数，然后根据这个数量声明了“Grid”。

在第二十七行中，将第一个记录插入到“Grid”之中。插入所有属性的值，实例计数设置为“1”，属性状态设置为“0”，对象的索引（来自于数据集）。然后，这个函数会对数据集中从记录号“2”到最后一个记录的所有记录进行遍历；对于每个记录，它会将数据集中的属性值与存储在“Grid”中的属性值进行匹配。如果决策类也匹配，则将对象存储在（在“Grid”中）同一行的下一列之中，实例计数也将增加。相反，如果决策类不匹配，则“AStatus”属性将被设置为“1”，这表示具有相同属性值的所有对象都不是下近似的一部分。但是，如果具有相同属性值的对象与存储在“Grid”中的对象不匹配，则将按照插入第一个记录的相同方式插入这个对象，并增加“GridRCounter”。

在对数据集中的所有记录遍历之后，这个网格现在包含了条件属性的值（行）、具有这些值的对象的数量、决策类，最后还有所有包含这个决策类的对象的索引。现在从第四十七行到第五十四行，我们运行两个嵌套循环。第一个循环遍历行，内部循环则遍历每行中的列。在每一行中，第一个循环检查“AStatus”列是否为“0”（这意味着，这一行中的对象属于下近似值）以及决策类是否与“XConcept”中提到的决策类相同（这意味着，对象属于同一个决策类的下近似）。对象存储在临时数组“t”之中。你可以将它存储在任何全局数组之中，或者数组可以作为引用传递给函数，这个函数将填充数组。

10.7 采用传统技术计算上近似

用 FindUAO 函数计算上近似。这个函数是由 CalculateUAObjects 函数所调用的，后者与“CalculateLAObjects”相同，但是在最后的步骤中并没有计算等价类结构中属于“XConcept”集合的子集的对象（关于条件属性），因为我们发现了那些与“XConcept”集合存在非空交互的等价类。FindUAO 函数如表 10.23 所列。

表 10.23 FindUAO 函数

Row1:	Function FindUAO(ByRef TCC() As Integer, cr As Integer)
Row2:	Dim XAs Integer
Row3:	Dim IsNonNegative As Boolean
Row4:	IsNonNegative = False
Row5:	Dim i As Integer
Row6:	For i = 2 To TCC(cr, 1)+1
Row7:	If (data(TCC(cr, i), DAtt)= XConcept) Then
Row8:	IsNonNegative = True
Row9:	End If
Row10:	Next
Row11:	If IsNonNegative = True Then
Row12:	For X = 2 To TCC(cr, 1)+1
Row13:	UAObjects(1)= UAObjects(1)+1
Row14:	UAObjects(UAObjects(1)+1)= TCC(cr, X)
Row15:	Next
Row16:	End If
Row17:	End Function

这个函数共有两个参数，即“TotalCClasses”数组的引用以及当前等价类的行索引。从第六行到第十行，这个函数对等价类进行遍历，并检查“TotalCClasses”中的任何对象（对于当前等价类）是否具有与概念中提到的相同的决策类值。如果具有，则所有属于这个等价类的对象都是上近似的一部分，并将被分配到“UAObjects”数组之中。

10.8 采用重新定义的初值计算上近似

CalculateUAI 函数使用重新定义的初值计算上近似。这个函数是由主函数所调用的。这个函数如表 10.24 所列。

表 10.24　CalculateUAI 函数

Row1:	Function CalculateUAI(ByRef chrom() As Integer, ByRef xc As Integer) As Single
Row2:	Dim DF, UC As Integer
Row3:	Dim i As Integer
Row4:	Dim GRC As Integer
Row5:	Dim ChromMatched As Boolean
Row6:	Dim DClassMatched As Boolean
Row7:	Dim ChromMatchedAt As Integer
Row8:	Dim DClassMatchedAt As Integer
Row9:	Dim NObject As Integer
Row10:	ReDim Grid(1 To cub + 3, 1 To rub)
Row11:	GridRCounter = 0
Row12:	ChromMatched = False
Row13:	DClassMatched = False
Row14:	ChromSize = UBound(chrom)-LBound(chrom) + 1
Row15:	DECISIONCLASS = UBound(chrom)+1
Row16:	INSTANCECOUNT = DECISIONCLASS + 1
Row17:	AStatus = INSTANCECOUNT + 1
Row18:	XConcept = xc
Row19:	TDO = 0
Row20:	For i = 1 To rub
Row21:	If(data(i, DAtt) = XConcept) Then
Row22:	TDO = TDO + 1
Row23:	End If
Row24:	Next
Row25:	ReDim Grid(1 To ChromSize + 3 + TDO, 1 To rub)' column, row
Row26:	If(GridRCounter = 0) Then
Row27:	GridRCounter = Insert(GridRCounter, chrom, 1)
Row28:	End If
Row29:	For i = 2 To rub
Row30:	ChromMatchedAt = MatchChrom(i, chrom, ChromMatched, GridRCounter)
	If(ChromMatched = True) Then
	Grid(INSTANCECOUNT, ChromMatchedAt)=
Row31:	Grid(INSTANCECOUNT, ChromMatchedAt) + 1
Row32:	Grid((ChromSize + 2 + Grid(INSTANCECOUNT, ChromMatchedAt)+1), ChromMatchedAt) = i
Row33:	If (MatchDClass(i, ChromMatchedAt)= False) Then
Row34:	Grid(AStatus, ChromMatchedAt)= 1
Row35:	End If
Row36:	Else

续表

Row37:	GridRCounter = Insert(GridRCounter, chrom, i)
Row38:	End If
Row39:	Next
Row40:	Dim j As Integer
Row41:	ReDim t(1 To rub + 1)
Row42:	t(1) = 0
Row43:	For i = 1 To GridRCounter
Row44:	Dim isnonnegative As Boolean
Row45:	isnonnegative = False
Row46:	For j = 1 To Grid(INSTANCECOUNT, i)
Row47:	If (data(Grid((ChromSize + 3 + j), i), DAtt) = XConcept) Then
Row48:	isnonnegative = True
Row49:	End If
Row50:	Next
Row51:	If isnonnegative = True Then
Row52:	For j = 1 To Grid(INSTANCECOUNT, i)
Row53:	t(1) = t(1) + 1
Row54:	t(t(1)+1)= Grid((ChromSize + 3 + j), i)
Row55:	Next
Row56:	End If
Row57:	Next
Row58:	CalculateUAI = 0
Row59:	End Function
Row60:	

与“CalculateLAI”一样，“CalulateUAI”使用相同的参数，也就是即“Chrom”数组的应用以及“XConcept”。函数执行相同的步骤，并在具有相同结构的“Grid”中存储对象。但是需要注意的是，现在我们必须计算上近似，因此，所有具有相同决策属性值的对象，以及它们其中至少有一个得到的决策类与由“XConcept”指定的决策类相同的那个对象，它们都将成为上近似的一部分。注意：我们跳过了检查“AStatus”的条件，只检查决策类。但这个函数存在复杂性，也就是这个具有相同条件属性值的对象插入之后（网格中），可能会导致不同的决策类（并更新决策类列），所以我们需要使用两个嵌套循环，第一循环检查每个对象（“Grid”中）的决策类以确保它们中的任何一个都可以得到相同的决策类（正如在“XConcept”中提到的那样），如果发现任何这类对象，那么，同一行中的所有对象都可能是上近似的一部分。

10.9 快速约简算法

快速约简算法是最著名的特征选择算法之一，所以我们提供了完整的源代码。点击“Execute”按钮以调用 QuickReduct 函数。下面是这个函数的详细代码(表 10.25)。

表 10.25 QuickReduct 函数

Row1:	Function QuickReduct( ) As Integer
Row2:	GridRCounter = 0
Row3:	Dim i, j As Integer
Row4:	RUB = 6598
Row5:	CUB = 168
Row6:	ReDim data(1 To RUB, 1 To CUB)
Row7:	For i = 1 To RUB
Row8:	For j = 1 To CUB
Row9:	data(i, j) = Cells(2 + i, 1 + j). Value
Row10:	Next j
Row11:	Next i
Row12:	OID = LBound(data, 2)
Row13:	DAtt = UBound(data, 2)
Row14:	Dim chrom( ) As Integer
Row15:	ReDim chrom(1 To CUB -2)
Row16:	For i = 2 To CUB -1
Row17:	chrom(i -1) = i
Row18:	Next
Row19:	Dim R( ) As Integer
Row20:	Dim T( ) As Integer
Row21:	Dim X( ) As Integer
Row22:	Dim tmp(1 To 1) As Integer
Row23:	Dim dp, sc, dp1, dp2, dp3 As Integer
Row24:	ReDim TotalCClasses(1 To RUB, 1 To RUB + 1)
Row25:	Call ClrTCC
Row26:	Call setdclasses
Row27:	dp = calculateDRR(chrom)
Row28:	i = 1
Row29:	Do
Row30:	Range(" A2"). Value = i
Row31:	Call Restore(T, R)

续表

Row32:	Call C_R(X, chrom, R)
Row33:	For sc = 1 To UBound(X)
Row34:	tmp(1)= X(sc)
Row35:	Call ClrTCC
Row36:	dp1 = calculateDRR(CUD(R, tmp))
Row37:	If(dp1 > dp2) Then
Row38:	T = CUD(R, tmp)
Row39:	dp2 = dp1
Row40:	End If
Row41:	Range("A3"). Value = sc
Row42:	Range("A4"). Value = dp1
Row43:	Next
Row44:	Call Restore(R, T)
Row45:	Range("A5"). Value = dp2
Row46:	i = i + 1
Row47:	Loop Until(dp2 = dp)
Row48:	Main = 1
Row49:	End Function

这个函数按照与前面讨论的相同方式加载数据，用属性索引对“Chrom”进行初始化。注意：我们已经在“QuickReduct”函数中使用了“TotalCClasses”和“SetDClasses”，而不是“CalculateDRR”。采用这种技术是为了提高性能，因为相关性会被反复计算，所以这可以避免数组的反复声明。但是，每次计算相关性的时候都会调用“ClrTCC”，以清除之前创建的等价类结构。

在第二十七行，我们使用整个条件属性集计算相关性。第三十一行会将数组“R”复制到“T”中。“R”表示到目前为止得到的约简。第三十二行会将属性{Chrom-R}复制到{X}之中，也就是即“Chrom”中所有不在“R”中的属性都将复制到X之中。第三十三行的循环会遍历“X”中的所有属性。第三十五行会清除之前的等价类结构。第三十六行首先将使用“tmp”数组表示的当前属性与“R”结合起来，然后将其传递给“calculateDRR”函数，这个函数实际上是计算存储在“dp1”中的相关性。现在，如果“dp1”大于代表之前最高相关性的“dp2”（这意味着将当前属性与“R”结合在一起增加了相关性程度），那么将当前属性与“R”相结合（串接）。然后，使用“dp1”更新“dp2”。在循环完成之后，我们将“R”与提供相关性增加幅度最高的属性组合在一起。因此，我们将“T”（其中包含与“R”串接的最高级属性）复制到“R”之中。这个过程一直继续，直到“dp2”等于“dp”，也就是“D”对于整个条件属性集的相关性。

10.9.1 CUD 函数

CUD 函数将两个整数数组组合在一起（串接）。这个函数执行“Union”（并集）操作。以下是这个函数的代码（表 10.26）。

表 10.26 CUD 函数

Row1:	Function CUD(C() As Integer, D() As Integer) As Integer()
Row2:	Dim csize As Integer
Row3:	Dim dsize As Integer
Row4:	Dim cd() As Integer
Row5:	If(isArrayEmpty(C))Then
Row6:	Call Restore(cd, D)
Row7:	CUD = cd
Row8:	Exit Function
Row9:	End If
Row10:	If(isArrayEmpty(D))Then
Row11:	Call Restore(cd, C)
Row12:	CUD = cd
Row13:	Exit Function
Row14:	End If
Row15:	ReDim cd(1 To UBound(C)+ UBound(D))
Row16:	csize = UBound(C)-LBound(C)+1
Row17:	dsize = UBound(D)-LBound(D)+1
Row18:	Dim X As Integer
Row19:	For X = LBound(C) To UBound(C)
Row20:	cd(X) = C(X)
Row21:	Next
Row22:	Dim j As Integer
Row23:	X = X -1
Row24:	For j = 1 To UBound(D)
Row25:	cd(X + j)= D(j)
Row26:	Next
Row27:	CUD = cd
Row28:	End Function

这个函数共有两个参数，即两个整数数组，这个函数将它们串接起来。首先，函数检查数组“C”是否为空，然后再将数组“D”复制到“cd”之中。如果“D”为空，则“C”被复制到“cd”之中。如果这些情况都不存在，则我们定义“cd”等于“C”的规模加上“D”的规模，然后在“cd”中复制两个数组。

10.9.2 Restore 函数

将源数组“S”复制到目标数组“T”。下面是这个函数的代码（表 10.27）。

表 10.27 Restore 函数

Row1:	Function Restore(ByRef T() As Integer, ByRef S() As Integer) As Integer
Row2:	If (isArrayEmpty(S)) Then
Row3:	Restore = 0
Row4:	Exit Function
Row5:	End If
Row6:	ReDim T(1 To UBound(S))
Row7:	Dim i As Integer
Row8:	i = 1
Row9:	While(i < = UBound(S))
Row10:	T(i)=S(i)
Row11:	i = i + 1
Row12:	Wend
Row13:	Restore = 1
Row14:	End Function

函数首先检查源数组是否为空，在这种情况下，函数会返回“0”；否则，函数定义目标数组等于源数组“S”的规模，并一个元素、一个元素地将其复制到目标数组之中。

10.9.3 C_R 函数

这个函数通过跳过提及的元素，将一个数组复制到另一个数组之中。这个函数如表 10.28 所列。

表 10.28 C_R 函数

Row1:	Public Function C_R(tmp() As Integer, C() As Integer, R() As Integer) As Integer
Row2:	If(isArrayEmpty(R)) Then
Row3:	Call Restore(tmp, C)
Row4:	C_R = 0
Row5:	Exit Function
Row6:	End If
Row7:	ReDim tmp(1 To UBound(C)-UBound(R))
Row8:	Dim Tmpi, Ci, Ri As Integer
Row9:	Dim found As Boolean
Row10:	Tmpi = 1

Row11:	For Ci = 1 To UBound(C)
Row12:	found = False
Row13:	For Ri = 1 To UBound(R)
Row14:	If(C(Ci)= R(Ri))Then
Row15:	found = True
Row16:	End If
Row17:	Next
Row18:	If(found = False)Then
Row19:	tmp(Tmpi)= C(Ci)
Row20:	Tmpi = Tmpi + 1
Row21:	End If
Row22:	Next
Row23:	C_R = 1
Row24:	End Function

这个函数共有三个参数，分别是："tmp"（也就是其最终结果将被复制的数组的应用)、将被复制的"C"数组以及其中元素（也存在于"C"中）将被跳过的"R数组"。

如果"R"为空，则整个"C"将使用"Restore"函数被复制到"tmp"之中；否则，"tmp"将被定义为等于"C"的规模减去"R"的规模。函数会遍历"C"中的每个元素，外循环会控制这个过程。然后，在"R"中搜索当前选择的元素（通过内循环进行），如果找到这个元素，则这个元素会被跳过；否则，这个元素会被复制到"tmp"之中。

10.10 小　　结

在本章中，我们对所提供的API库的源代码及其描述进行了介绍。对所有的API函数都进行了详细说明，提供了使用它们的所有详细内容，也可以使用任何特征选择或者基于粗糙集理论的算法对其进行修改。对每个函数进行了详细解释，对其提供的任务进行了详细说明，并对所用的重要语句和数据结构进行了说明。对于一些复杂的数据结构，也给出了图解说明。

第 11 章　基于优势关系的粗糙集 API 库

在本章中，我们将对计算粗糙近似的 VBA 源代码进行介绍。我们将计算下近似和上近似，以及优势关系和类别并集（类簇）。本章的主要目的是明确这些技术背后的编程逻辑。在这一点上，本章参考了一些关于 VBA 的基本教程。可供直接取用或者可直接运行的代码在“DRSA_PL. bas”和“DRSA_PU. bas”文件中给出，其中第一个文件包含了下近似的源代码，第二个文件包含上近似的源代码。

11.1　下　近　似

首先从计算$\underline{P}(Cl_t^{\leqslant})$开始，然后计算$\underline{P}(Cl_t^{\geqslant})$。我们按照在 9.2 节中所讨论的三个步骤。因此，首先计算$\underline{P}(Cl_t^{\leqslant})$。以下是主函数的源代码（表 11.1）。

表 11.1　主函数

Row1:	Function Main( ) As Integer
Row2:	Dim i, j As Integer
Row3:	RUB = 3196
Row4:	CUB = 38
Row5:	ReDim Data(1 To RUB, 1 To CUB)
Row6:	For i = 1 To RUB
Row7:	For j = 1 To CUB
Row8:	Data(i, j) = Cells(2 + i, 1 + j). Value
Row9:	Next j
Row10:	Next i
Row11:	OID = LBound(Data, 2)
Row12:	DAtt = UBound(Data, 2)
Row13:	Find_PL_L_t(0)
Row14:	Dim str As String
Row15:	str = " "
Row16:	For j = 2 To pl(1)
Row17:	If(pl(j)<>0)Then
Row18:	str = str + " ,X" & pl(j)

Row19:	End If
Row20:	Next
Row21:	Cells(2,1).Value = str
Row22:	Main = 1

第二行~第五行提供一些数据声明。“RUB”代表“Row Upper Bound”(行上限),“CUB”代表“Column Upper Bound”(列上限)。这两个变量都是用于存储数据集中的最大行数和列数。在我们的例子中,共有3196行以及38列。第六行~第九行是在“Data”数组中加载我们的数据。“OID”和“DAtt”分别表示“ObjectID”(对象)与“Decision Attribute”(决策属性)。这两个变量存储第一列的索引(在每个数据集中,在开始时添加一列,这一列包含每个对象的序列号。这个序列号用作“ObjectID”)以及表示决策类别的属性(很可能是最后一个属性)。

第十三行调用“Find_PL_L_t ( )”函数,并以零(0)作为参数。这个函数会计算$\underline{P}(Cl_t^{\leqslant})$。第十四行~第二十一行在单元格(2,1)中显示找到的对象。最后,函数在第二十二行结束。

11.1.1 Find_PL_L_t ( )函数

这个函数如表11.2所列。

表11.2 Find_PL_L_t( )函数

Row1:	Function Find_PL_L_t(t As Integer)
Row2:	Call Get_Cl_LE_t(t)
Row3:	Call DP_N_X
Row4:	Find_P_L_G_T
Row5:	End Function

这个函数取t,也就是我们将要计算近似值的类别的索引。这个函数完全按照第9章中提到的三个步骤工作。函数首先计算$Cl_t^{\leqslant}$,然后计算$D_P^-(x)$,最后对属于下近似的对象进行实际计算。

11.1.2 Get_Cl_LE_t 函数

Get_Cl_LE_t 函数如表11.3所列。

表11.3 Get_Cl_LE_t 函数

Row1:	Function Get_Cl_LE_t(t As Integer)
Row2:	ReDim cl(1 To rub * 2)
Row3:	Dim j As Integer

续表

Row4:	j = 2
Row5:	Dim i As Integer
Row6:	For i = 1 To rub
Row7:	If(data(i, DAtt) < = t) Then
Row8:	cl(1) = j
Row9:	cl(j) = data (i, OID)
Row10:	j = j + 1
Row11:	End If
Row12:	Next
Row13:	End Function

这个函数计算 $Cl_t^{\leqslant}$。第七行~第十一行是这个函数的核心。扫描整个数据集以寻找决策类，对于决策类的优先级低于“t”的对象，将它们的“ObjectID”收集到名为“cl”的数组之中。注意：“cl”的第一个索引包含了在其中存在的对象的总数。

11.1.3 DP_N_X 函数

表 11.4 展示了 $D_P^-(x)$的源代码。

表 11.4 DP_N_X 函数

Row1:	Function DP_N_X( )
Row2:	ReDim dp(1 To cl(1)-1,1 To rub+1)
Row3:	Dim i As Integer
Row4:	Dim j As Integer
Row5:	Dim k As Integer
Row6:	Dim s As Boolean
Row7:	For i = 2 To cl(1)
Row8:	dp(i - 1,1) = 2
Row9:	dp(i - 1,2) = cl(i)
Row10:	For j = 1 To rub
Row11:	If(j <> cl (i)) Then
Row12:	s = compareL(j, cl(i))
Row13:	If(s <> True) Then
Row14:	dp(i - 1, dp(i - 1,1) + 1) = j
Row15:	dp(i - 1,1) = dp(i - 1,1) + 1
Row16:	End If
Row17:	End If
Row18:	Next
Row19:	Next
Row20:	End Function

这个函数会将每个对象（“cl”数组中存在的）的属性与其他对象进行比较，并将被当前对象所控制的所有对象都收集到“dp”数组之中。“compareL（）”函数会在第十二行对对象进行实际比较。

11.1.4 Find_P_L_G_T 函数

这个函数实际上是计算属于下近似的对象。表 11.5 给出了这个函数的源代码。

表 11.5　Find_P_L_G_T 函数

Row1：	Function Find_P_L_G_T( )
Row2：	Dim i As Integer
Row3：	Dim ie As Boolean
Row4：	Dim k As Integer
Row5：	Dim L As Integer
Row6：	Dim j As Integer
Row7：	ReDim pl(1 To cl(1))
Row8：	Dim plc As Integer
Row9：	pl(1) =1
Row10：	For i =1 To UBound(dp,1)
Row11：	plc =0
Row12：	If((dp(i,1)-1)< =cl(1)-1)Then
Row13：	For j =2 To dp (i, 1)
Row14：	For k =2 To cl (1)
Row15：	If(dp(i,j) =cl(k))Then
Row16：	plc =plc +1
Row17：	End If
Row18：	Next
Row19：	Next
Row20：	If(plc =dp(i,1) -1)Then
Row21：	For L =2 To dp(i,1)
Row22：	If(found(dp(i,L)) =False) Then
Row23：	pl(1) =pl (1) +1
Row24：	pl(pl(1)) =dp(i,L)
Row25：	End If
Row26：	Next
Row27：	End If
Row28：	L =0
Row29：	End If
Row30：	Next
Row31：	End Function

“dp”的每一行都包含“cl”中的每个对象的 $D_P^-(x)$。现在，这个函数计算 $D_P^-(x) \subseteq Cl_t^{\leqslant}$。基于这个目的，“dp”中一行的所有对象都被验证为 $Cl_t^{\leqslant}$ 的子集，并且所属对象储存在“pl”。

现在，我们将提供$\underline{P}(Cl_t^{\geqslant})$的源代码。我们将只提供列表，因为代码的工作模式与在$\underline{P}(Cl_t^{\leqslant})$情况下所解释的模式相同。表 11.6～表 11.8 显示了这些函数的源代码。

表 11.6 Find_PL_G_t 函数

Row1:	Function Find_PL_G_t(t As Integer)
Row2:	Call Get_Cl_GE_t(t)
Row3:	Call DP_P_X
Row4:	Find_P_L_G_T
Row5:	End Function

表 11.7 Get_Cl_GE_t 函数

Row1:	Function Get_Cl_GE_t(t As Integer)
Row2:	ReDim cl (1 To rub)
Row3:	Dim j As Integer
Row4:	j = 2
Row5:	Dim i As Integer
Row6:	For i = 1 To rub
Row7:	If(data(i,DAtt) > = t) Then
Row8:	cl(1) = j 'first index of cl contains the index of last element in array
Row9:	cl(j) = data(i, OID)
Row10:	j = j + 1
Row11:	End If
Row12:	Next
Row13:	End Function

表 11.8 DP_P_X 函数

Row1:	Function DP_P_X()
Row2:	ReDim dp(1 To cl(1) - 1,1 To rub + 1)
Row3:	Dim i As Integer
Row4:	Dim j As Integer
Row5:	Dim k As Integer
Row6:	Dim s As Boolean
Row7:	For i = 2 To cl(1)
Row8:	dp(i - 1, 1) = 2
Row9:	dp(i - 1, 2) = cl(i)

续表

Row10:	For j = 1 To rub
Row11:	If(j <> cl(i)) Then
Row12:	s = compareG (j, cl (i))
Row13:	If(s <> True) Then
Row14:	dp(i - 1, dp(i - 1,1) + 1) = j
Row15:	dp(i - 1,1) = dp(i - 1,1) + 1
Row16:	End If
Row17:	End If
Row18:	Next
Row19:	Next
Row20:	End Function

注意：函数“Find_P_L_G_T()”与之前列表中所示的相同。在“Main”函数（表 11.1）中，第十三行将调用“Find_PL_G_t”函数，然后开始执行以计算$\underline{P}(Cl_t^{\geqslant})$。

11.2 上近似

计算上近似的完整源代码参见“优势关系粗糙集技术_pu. bas”文件。为了使内容变得更容易理解，源代码是在计算下近似的相同基础上开发的，并且使用了相同的变量名称。第 9 章中提到的计算上近似的所有三个步骤都将被遵循。在这一节中，我们会提供每个函数的源列表。首先，我们介绍计算$\overline{P}(Cl_t^{\leqslant})$的函数，然后介绍计算$\overline{P}(Cl_t^{\geqslant})$的函数。

首先从主函数（表 11.9）开始，注意：这个函数在这里会调用“Find_PU_L_t”。

表 11.9 主函数

Row1:	Function Main() As Integer
Row2:	Dim i, j As Integer
Row3:	RUB = 3196
Row4:	CUB = 38
Row5:	ReDim Data (1 To RUB, 1 To CUB)
Row6:	For i = 1 To RUB
Row7:	For j = 1 To CUB
Row8:	Data(i,j) = Cells(2 + i,1 + j). Value
Row9:	Next j
Row10:	Next i

续表

Row11:	OID = LBound(Data,2)
Row12:	DAtt = UBound(Data,2)
Row13:	Find_PU_L_t(0)
Row14:	Dim str As String
Row15:	str = " "
Row16:	For j = 2 To pl(1)
Row17:	If(pl(j) <>0) Then
Row18:	str = str + " ,X" & pl(j)
Row19:	End If
Row20:	Next
Row21:	Cells(2,1). Value = str
Row22:	Main = 1
Row23:	End Function

表 11.10 显示了 Find_ PU_ L_ T 函数的代码。

表 11.10 Find_ PU_ L_ t 函数

Row1:	Function Find_PU_L_t(t As Integer)
Row2:	Call Get_Cl_LE_t(t)
Row3:	Call DP_N_X
Row4:	Find_P_L_G_T
Row5:	End Function

我们已经提供了对于“Get_Cl_LE_t(t)”和“DP_N_X()”函数的描述。逻辑和列表依然相同。对于 $\overline{P}(Cl_t^{\geqslant})$ 而言，主函数会调用 Find_PU_G_t 函数，见表 11.11。

表 11.11 Find_PU_G_t 函数

Row1:	Function Find_PU_G_t(t As Integer)
Row2:	Call Get_Cl_GE_t(t)
Row3:	Call DP_P_X
Row4:	Find_P_L_G_T
Row5:	End Function

唯一需要解释的函数是 Find_P_L_G_T。下面给出了这个函数代码（表 11.12）。

表 11.12 Find_P_L_G_T 函数

Row1:	Function Find_P_L_G_T()
Row2:	Dim i As Integer
Row3:	Dim ie As Boolean

Row4:	Dim k As Integer
Row5:	Dim L As Integer
Row6:	Dim j As Integer
Row7:	ReDim pl(1 To rub + 1)
Row8:	Dim plc As Integer
Row9:	Dim f As Boolean
Row10:	pl(1) = 1
Row11:	For i = 1 To UBound(dp, 1)
Row12:	plc = 0
Row13:	f = False
Row14:	For j = 2 To dp(i, 1)
Row15:	For k = 2 To cl(1)
Row16:	If(dp(i, j) = cl(k))Then
Row17:	f = True
Row18:	Exit For
Row19:	End If
Row20:	Next
Row21:	If f = True Then
Row22:	Exit For
Row23:	End If
Row24:	Next
Row25:	If(f = True)Then
Row26:	For L = 2 To dp(i, 1)
Row27:	If (found(dp(i, L)) = False)Then
Row28:	pl(1) = pl(1)+1
Row29:	pl(pl(1)) = dp(i, L)
Row30:	End If
Row31:	Next
Row32:	End If
Row33:	L = 0
Row34:	Next

这个函数计算 $D_P^-(x) \cap Cl_t^{\geqslant} \neq \varnothing$ 以及 $D_P^+(x) \cap Cl_t^{\leqslant} \neq \varnothing$，取决于你是计算 $\overline{P}(Cl_t^{\leqslant})$ 或者 $\overline{P}(Cl_t^{\geqslant})$。

“cl” 包含 $Cl_t^{\geqslant}$ 或者 $Cl_t^{\leqslant}$。“dp” 包含 $D_P^-(x)$ 或者 $D_P^+(x)$。第十六行实际上是检查 “dp” 中的任何对象是否等于 “cl” 中的任何对象，以验证 $D_P^-(x) \cap Cl_t^{\geqslant} \neq \varnothing$ 是否成立。如果找到了对象，也就是 $D_P^-(x)$ 和 $Cl_t^{\geqslant}$ 的插入非空，则循环终止。然后，第二十五行 ~ 第三十行会将对象复制到实际储存属于上近似的对象的 “pl” 之中。

11.3 小　结

在本章中，我们提供了用于计算优势关系粗糙集下近似的函数源代码。上近似的计算原理与此相同。应当注意的是，在计算上、下近似时，也计算了优势关系，并给出了优势关系的源代码。目的在于厘清优势关系粗糙集技术核心初值背后的逻辑，以便使其可以在原样的基础上进行使用，或者可以翻译成其他语言。